湛庐 CHEERS

与最聪明的人共同进化

HERE COMES EVERYBODY

U0211984

5G+

区块链

THE FUTURE OF 5G AND BLOCK-CHAIN

王喜文 著

浙江教育出版社·杭州

NEW
INFRASTRUCTURE

新/基/建/战/略/布/局/家
王喜文

任正非推荐的 5G 理念开拓者

"王喜文博士是国内第一本工业 4.0 方面专著的作者，'5G 为人工智能与智能制造赋能'这个课件是王喜文博士给地方政府和企业家做讲座时所使用的完整内容，通过对 5G、人工智能、智能制造等未来科技相关内容的分享，希望有助于大家拓展思路、开拓视野。"

这是 2019 年 8 月华为创始人任正非签发的总裁办邮件中的一段话，他倾力推荐了上述王喜文博士的 5G 科普课件。

作为知名产业研究专家、工学博士、科技情报学博士后，王喜文在国内很早就开始研究算法、大数据挖掘和智能制造等，他开发的项目跨度大，涉及的行业种类繁多，积累了工业生产中的各种技术和发展经验。

王喜文博士深耕于工业与人工智能融合的新场景，奠定了在工业 4.0、5G 和智能制造等领域全国领先的研究地位，同时对国内工业技术发展提出了许多建设性意见。而且，他不吝于分享自己关于工业制造、人工智能、5G 等领域的研究成果，2015 年便开始开办关于前沿技术的培训讲座。至今，王喜文博士已受邀为华为、南方电网、清华大学、北京大学等演讲 700 多场，在制造业和学术界有着广泛的影响力。

新基建核心价值引路人

王喜文博士在新旧基建的对比研究中发现，新基建是以新发展理念为向导，以技术创新为驱动，以信息网络为基础，面向高质量发展需要，提供智能转型、融合创新等服务的基础设施体系。在整个新基建项目中，

NEW INFRASTR

5G、大数据、人工智能作为近几年非常热门的技术领域，毫无疑问会成为未来新产业的代表。

新基建的战略意义在于，随着我国智能经济的快速发展，以及智慧城市和智能社会的加速建设，全产业对5G、大数据中心、人工智能等配套的新型基础设施产生了迫切的需求。

近年来，远程办公、在线教育、远程护理、药品配送服务机器人等新兴产业崭露头角，而这些新兴产业的发展都离不开5G、大数据、人工智能、云计算等新型基础设施的支撑。可以预见，新基建既能为新兴产业赋能，又能带动传统产业转型升级，短期内将发挥稳定经济增长的作用。

王喜文博士认为，长期来看，无论是全国经济发展还是区域经济建设，都处于大规模的新基建中，我国经济的发展趋势将由投资驱动转向由创新驱动，在5G、人工智能等技术的驱动下将来到工业4.0的风口，对

工业互联网、数据中心、物联网、区块链等新型基础设施的广阔需求也应运而生。

传统工业经济正在向智能经济过渡，而新基建无疑是智能经济的重要引擎，也是工业4.0的关键基础设施。唯有加快新基建的发展，才能加速实现智能制造，更加高效、更加动态、更加精准地优化生产和服务等资源的配置，进而促进传统产业升级，带动企业智能化转型，催生新技术、新业态、新模式，为经济社会发展提供新动能。

JCTURE

智能化转型赋能者

王喜文博士认为，第四次工业革命的主攻方向是智能制造与工业互联网，而两者的基础都是 5G。在中国的智能经济中，工业互联网就是工业的智能化，需要以 5G 作为通信保障，工业互联网的发展将带动新的业态，形成新的经济动能，助力智能经济良性发展。5G 不仅可以提供更快的网速，还可以实现大规模连接，借助各种传感器、终端设备等，进一步实现真正的物联网，稳固经济发展的新架构。

新基建所涉及的物联网、5G、区块链、人工智能等，都是智能制造的基础，新基建的火热发展，将带动传统产业华丽转身，实现智能制造的跨越式发展。

王喜文博士指出，传统的生产是简单的物质生产，智能制造则包含了生产、设备、供应链和能源管理的智能化。与传统工厂不同的是，新基建产业下的智能制造管理将从单向变为双向，形成生产网，并且进行动态配置，相关信息通过物联网以无线通信的方式传给信息系统，再经过数据的挖掘分析返还给智能工厂，给工厂的决策提供依据，进而不断提升产品性能。

王喜文博士一直心系国内制造业的智能化转型，多次为华为、三一重工、首钢集团、广汽集团、华夏银行、南方电网等大型企业做相关指导，帮助企业进行传统产业结构优化，夯实其工业基础，平衡产业布局，打造各具特色和优势的产业生态，促进制造业的创新发展。

未来，王喜文博士将继续帮助制造业企业建立以互联网和信息技术为基础的互动平台，将更多的生产要素以更为科学的方式进行整合，使其能够更好地迎接智能化的新常态。同时，王喜文博士也将运用他的专业知识，创造制造业中个性化和定制化的新模式，改变制造业思维，为企业的智能化转型赋能助力。

作者演讲洽谈，请联系
speech@cheerspublishing.com

更多相关资讯，请关注

湛庐文化微信订阅号

 湛庐CHEERS 特别制作

"5G + 区块链"将成为数字经济的双轮驱动力

于佳宁

"火币大学"校长，权威数字经济学家
工业和信息化部信息中心工业经济研究所前所长

　　数字经济时代已来，5G（第五代移动通信技术）与区块链（Blockchain）的融合正在为我们铺就通往新世界的快车道——价值互联网。

　　2020 年注定是不平凡的一年，突如其来的新冠肺炎疫情对几乎所有行业都造成了严重的冲击，更使全球经济的前景蒙上了阴霾。但同时，在全球范围内，短视频、线上教育、新零售等一系列新业态正在快速崛起和普及。在居家隔离的过程中，人们开始习惯于在线上进行办公、学习、购物、娱乐，数字化生活的习惯正在养成，全球经济的"血液"已经从以前的石油迅速转变为数据。数字经济不再是一个遥不可及的概念，而已经渐渐成为全球经济发展的中坚力量。

进一步而言，这预示着全球经济进入了一个新的周期，在数字化浪潮的冲击下，经济规则、商业逻辑及运行方式都在发生根本性变化。当然，这其中也蕴藏着全新的机遇，只有把握住新周期中的"新元素"，才有更大的机会分享到"新红利"。

新型基础设施毫无疑问是最重要新元素，而且也将是时代机遇的"放大器"和"加速器"。今年以来，新型基础设施建设（简称"新基建"）已经引起了社会各界的广泛关注。根据国家发改委界定的范围，5G 和区块链都是新基建的关键组成部分，与物联网、大数据、云计算、人工智能、工业互联网、卫星互联网等前沿领域融合，构成完整的新一代信息基础设施，并将成为未来全球经济增长的核心驱动力。

5G 之于区块链是"加速器"

5G 时代的舞台不仅要上演通信技术的"独角戏"，还要上演多种前沿技术集中爆发的"大合唱"。区块链、物联网、大数据、人工智能、边缘计算等一系列前沿技术，将在 5G 的催化下加速成熟。

5G 为区块链应用传递庞大数据量和信息量，为实现更大规模的共识提供了可能性。5G 的落地，可大幅提升硬件终端之间的网络通信速度，扩充网络规模，而且能够在提升区块链网络去中心化程度的同时，实现更快的交易处理速度，区块链上各类应用的稳定性也将得到质的提升，进一步优化甚至突破区块链技术的"不可能三角"[①]的约束。

此外，5G 应用的大规模落地会催生出大量新的交易形态，比如，由万物互联衍生出的物物交易、由数字孪生衍生出的数据交易、由智能运算衍生出的算力交易等，这些新型交易将带来物联经济体、智能经济体、数字经济体的诞生。但是，传统金融体系很难满足这些新型交易的实际需求，而迫切需要以去中心化、可编程、持续运转的交易基础设施为基础才能有效运行。能够同时满足这些条件的技术非区块链莫属，这些新经济体也将是区块链落地的绝佳场景。5G 与区块链结合，可逐步实现万物互联、万物智联、万物信联，其展开的"万物协作"模式将是 5G 时代区块链和数字金融应用的关键场景。因此，5G 将是区块链应用爆发的"加速器"，海量机器接入互联网，将改变互联网的基础性结构，进而为区块链带来更广阔的应用空间。5G 时代区块链的产业应用将加速爆发，全面赋能实体经济。

---

① "不可能三角"是指在区块链公链中，很难同时做到既很好地实现"去中心化"，又有良好的系统"安全性"，同时还能实现很高的"交易处理性能"。但是，"不可能三角"并不是一个经过严格论证而得出的结论，它只是业内基于区块链的实际运行而作出的一个总结。——编者注

区块链之于 5G 是"防弹衣"

当 5G 实现广泛覆盖后，数据将进入全面井喷的时代。区块链通过技术层面的设定，可以有效降低网络使用者之间的信任成本，加快扩展网络边界，也可以更好地保障 5G 网络使用者的数据权利。区块链的不可篡改、有效溯源等特性，可以保障海量数据的完整性、真实性和安全性，再结合零知识证明、隐私计算等新技术，也能有效保障个人数据的隐私性。

同时，区块链也是一种"确权机器"，确权是要素流通交易、实现市场化配置的基础。国家目前已经明确提出，数据是一种关键的生产要素，并将大力推动这一要素的市场化，实现数据的可信交易。区块链在这个领域也将发挥巨大价值，在链上直接实现数据的资产化，区块链不仅可以为 5G 时代联网设备提供数字身份，更可以帮助 5G 网络上产生的大数据实现资产确权，进而带动数据的可信交易，让数据在真正意义上成为有价资产，而这也是对 5G 数据生态的重要保护，因此，可以说区块链是 5G 的"防弹衣"。

"5G+ 区块链"将为数字经济发展带来"新变量"

2019 年 10 月，我国将区块链定性为"自主创新的重要突破口"。随后，德国也发布了《德国国家区块链战略》；2020 年 2 月，澳大利亚也启动了区块链技术国家战略；而早在 2018 年 4 月，欧盟的 22 个国家就已签署协议共建欧洲区块链联盟。全球主要国家都已意识到，在新一代技术大变革的

5G 时代，区块链作为底层核心技术，将承担重要角色，与其他新一代技术共建价值互联网和"信任高速公路"。

5G 和区块链都是数字经济的关键基石，要发展可持续、公平、普惠、高质量的数字经济，离不开区块链的支撑。此外，在 5G 时代，法定数字货币也很可能被推出并被广泛应用，从而全面打通创新链、应用链、价值链，塑造产业协作新范式。未来，5G 和区块链融合而成的新型基础设施，会像交流电、自来水一样成为社会的基本生产要素和数字经济发展的双轮驱动力。

在此背景下，王喜文博士的新书《5G+ 区块链》出版正当其时。王博士是我多年的好友，他对前沿技术、产业应用、经济逻辑、行业趋势、政策导向等方面有着极为敏锐和深邃的洞察力，特别是在 5G 研究方面，他在多年前就以极具前瞻性的眼光描绘了其全面的应用蓝图。在《5G+ 区块链》这本书中，王博士对区块链技术、5G 网络特性以及两者结合的逻辑进行了独到而深刻的分析，特别是提出了"信任高速公路"的重要概念，生动地展现了"5G+ 区块链"能够为数字经济发展带来的"新变量"，值得所有关心前沿技术发展和新基建的朋友仔细阅读。

5G + 区块链，新基建的底层设计

近两年，全球有两大科技备受关注：一个是 5G，另一个是区块链。二者都是能够改变时代、重塑社会、影响经济的颠覆性技术。目前，中国已经发放了 4 张 5G 牌照，5G 产业处在爆发前夜的阶段；在区块链方面，很多人认为其将改变数据的存储方式，甚至重塑互联网和物联网。

自 20 世纪 80 年代以来，全球每 10 年就会涌现出新一代移动通信技术，推动信息通信产业的快速创新，促进经济社会的繁荣。当前，5G 正蓄势待发，它将通过全新的基站系统及网络架构，提供远超 4G 时代的数据传输速率、毫秒级的超低时延和千亿级的网络连接能力，从而开启万物互联、人机深度交

互的新时代。依托 5G 技术，我们的社会将变得更安全、更高效。在不久的
将来，5G 会与云计算、大数据、人工智能、虚拟现实（Virtual Reality，VR）
/ 增强现实（Augmented Reality，AR）等新一代信息技术实现深度融合，也
将促进人与万物的连接，进而成为各行各业数字化转型过程中的新型基础
设施。2020 年，随着新基建进程的加快，5G 将融入大量智能终端和智能
流程，为各行各业和区域发展带来革命性影响，并将引领经济社会迈向新
时代。

　　一方面，5G 能够通过超高清视频、新一代社交网络、浸入式游戏等
为用户提供更加身临其境的场景体验，促进人类交互方式升级；另一方面，
5G 将支持海量的智能通信，以智慧城市、智能家居等为代表的典型应用场
景与 5G 深度融合，千亿量级的设备将随之接入网络；更重要的是，5G 还
将以其超高可靠性、超低时延的卓越性能，引爆如车联网、智能医疗、工业
互联网等行业的前沿应用。

　　区块链的数据结构，与密码学、共识机制、智能合约等技术的结合，保
证了数据上链之后不可篡改、不可撤销，但是可追溯的特性。其实，区块
链技术的现实应用，源于中本聪（Satoshi Nakamoto）在论文《比特币：一
种点对点的电子现金系统》（*Bitcoin: A Peer-to-Peer Electronic Cash System*）
中提出的比特币概念和一套全新的数据存储方式，这一论文也被称为"比特
币白皮书"。目前，比特币网络已正常运行了十多年，比特币也已不再是区
块链技术唯一的应用。

区块链是信息化和数字化的又一次升级，它会推动关系型数据库走向去中心化的数据存储，让数据更安全、更可信。区块链的这种模式也引发了数据治理思维的改变，从控制到自控、从他治到自治，让治理更理性、更公平。同时，区块链更是一种模式创新，包括金融科技、健康管理、追踪溯源、产权管理等的模式创新。未来，国民经济的大多数领域都将因区块链的应用而转型升级。

全球区块链的发展也正在"抹掉国界"，区块链的基础设施建设会将世界连接为一个整体。全球区块链将会使生产模式、流通模式、消费模式、支付方式等都发生深刻的变化。近年来，世界 500 强企业纷纷制定了区块链战略，将区块链发展水平的高低视为竞争力强弱的主要标志之一。美国沃尔玛、亚马逊的全球区块链体系，日本丰田、NEC（日本电气公司）的区块链供应链管理体系，德国大众、DHL（敦豪航空货运公司）的全球区块链布局等，都是典型代表。总之，区块链可以极大地改变一个国家的经济发展方式、产业发展方式、社会发展方式以及企业发展方式，还会对经济社会从集约经营到智能治理的转变做出不可估量的贡献。未来将不存在一家企业与另一家企业的竞争，只存在一条区块链与另一条区块链的竞争。

1993 年，美国克林顿政府计划用 20 年的时间，通过巨额投资，建设国家信息基础设施。到 2020 年，美国的信息高速公路战略已经提出 27 年，这一战略为美国创造了巨大的经济和社会效益。

2020 年 3 月 4 日，中共中央政治局常务委员会召开会议，明确提出要加快推进国家规划中已明确的重大工程和基础设施建设，加快 5G 网络、数据中心等新型基础设施的建设进度。其中，5G 作为移动通信领域的重大变革点，是新基建的核心领域。

　　5G 技术可以加速区块链应用落地，区块链技术也会给 5G 发展带来新思路。5G 与区块链的结合将使我们的未来拥有无限可能——新场景、新业态层出不穷，新思维、新机遇接踵而来。区块链"贵"在信任，5G + 区块链将实现"信任的速度"，开创"信任高速公路"时代，中国或将复制美国信息高速公路战略所取得的成就，在数字经济领域引领未来 20 年。

扫码下载"湛庐阅读"App，
搜索"5G+ 区块链"，
看透 5G 与区块链的底层逻辑。

5G
+
BLOCKCHAIN

目 录

推荐序　"5G＋区块链"将成为数字经济的双轮驱动力 _ I

前　言　5G＋区块链，新基建的底层设计 _ VII

第一部分　区块链智联万物，
构建新基建的深度信任

01　拜占庭将军谜题 _ 003

02　从比特币到区块链的进阶 _ 009

03　共识机制，牵一发而动全身 _ 019

04　智能合约，没有第三方参与的可信交易 _ 023

05　实时兑现的激励，谁也拿不走 _ 033

06　　不可篡改的账本，降低信用的建立成本 _ 039

07　　自控与自治，区块链正在重塑商业范式 _ 055

第二部分　　5G 催生共享，
　　　　　　驱动新基建的规模创新

08　　从赫兹的实验发现到 5G _ 073

09　　毫米级电波，实现高效的传输速率 _ 085

10　　微型化的基站，5G 性能提升的关键技术 _ 099

11　　大规模的天线，实现 5 ～ 10 倍效率的提升 _ 105

12　　灵活弹性的组网架构，深度共享的基础 _ 111

13　　5G 的三大商业应用场景 _ 117

14　　工业互联网，升级智能制造的价值链 _ 133

第三部分 区块链与 5G 互链互融，
启动新基建的未来引擎

15 5G 是区块链的通信基础设施 _ 155

16 区块链为 5G 保驾护航 _ 165

17 5G + 区块链 = 互链互融 _ 183

后 记 新基建，从信息高速公路到"信任高速公路" _ 207

附 录 区块链 RAMS 指标评测标准 _ 217

第一部分

区块链智联万物，
构建新基建的深度信任

5G

+

BLOCKCHAIN

一个区块（Block）中包含两种哈希值（Hash）：上一个区块的哈希值和本区块的哈希值。因为每个区块都包含上一个区块的哈希值，所以这样一种承前启后的方式，使得所有区块依次连成了一条不可篡改的链。

拜占庭将军谜题

区块链和"拜占庭将军谜题"的渊源颇深。

拜占庭是公元前 7 世纪由古希腊人建立的移民城市，地理位置优越。公元 324 年，古罗马帝国皇帝君士坦丁大帝对拜占庭进行了扩建，公元 330 年将首都迁至拜占庭，将其改名为君士坦丁堡，也就是现在的土耳其城市伊斯坦布尔——"丝绸之路"亚洲部分的终点。

公元 395 年，古罗马帝国皇帝狄奥多西一世逝世。临终前，他将帝国东西两部分分给两个儿子继承，其中的西罗马帝国在经历了匈奴和日耳曼部落的反复侵袭之后，在 476 年灭亡；而都城位于君士坦丁堡的东罗马帝国又延续了近千年之久。本来人们都将东罗马帝国称作"罗马帝国"（Imperium

Romanum），但是到了 17 世纪，西欧的历史学家为了区分古代罗马帝国和中世纪神圣罗马帝国，便引入了"拜占庭帝国"（Byzantine Empire）这一称呼来代指东罗马帝国。

1453 年，奥斯曼帝国苏丹穆罕默德二世率军攻入君士坦丁堡，拜占庭帝国正式灭亡。从 395 年到 1453 年，拜占庭帝国共历经十多个朝代、近百位皇帝，是欧洲历史上最悠久的君主制国家，也是一个饱经战乱的国家。

拜占庭将军谜题
Byzantine Failures
由莱斯利·兰波特提出，他指出在点对点的通信过程中，在信息存在丢失的不可靠信道上达成信息一致性是不可能的。

20 世纪 80 年代初，美国计算机科学家莱斯利·兰波特（Leslie Lamport）根据拜占庭帝国的历史虚构了这样一个故事：

古代拜占庭帝国的 n 个将军将从不同的地方出发围攻一个敌人。忠诚的将军希望通过某种协议确保某个命令的一致（比如，约定某个时间一起进攻），但其中一些背叛的将军会通过发送错误消息的方式从中阻挠。需要注意的是：如果同时发起进攻的将军数量少于 m 个，那么不足以歼灭敌人，反而容易被敌人全部歼灭。在那个没有先进通信设备的时代，将军们只能依靠通信兵骑着马互通信息。将军们并不确定他们中是否有叛徒，而叛徒可能会擅自变更进攻意向或者进攻时间。那么，如何保证有多于 m 个将军在同一时间一起发起进攻？为了解决这个问题，我们可以先进行如下假设：

- 首先，将打算进攻的将军称为"忠诚将军"，与之相对的就是"叛变者"。忠诚将军对外发布的信息都是一致且准确的，他不会告诉 A 将军他要进攻，而告诉 B 将军他要撤退。

- 其次，如果要保证所有的忠诚将军都做出相同的决定，那么必须保证他们收到的所有消息（其他将军的决策信息）都相同，而其中可能有忠诚将军发来的消息，也可能有叛变者发来的消息。

- 最后，至于通信过程，则默认为准确无误的点对点通信。也就是说，假设 A 将军要给 B 将军下达一条命令，那么传令兵一定会准确地把命令传递给 B 将军。

有了上述假设，我们来看看将军们面临的核心问题是什么。对于忠诚将军来说，他不知道谁是叛变者以及是否有叛变者，所以他不能完全相信接收到的命令，他必须对命令做出判断：每一个收到命令的将军，都有动机去询问其他人收到的命令是什么。

为了简化问题，我们先考虑 4 位将军的情况，同时假设 4 位将军中最多只有 1 个叛变者。当 A、B、C、D 这 4 位将军协商一个统一的时间发起进攻时，A 将军会派出 3 个传令兵，分别告诉 B、C、D 将军，晚上 9 点发起进攻。到了晚上 9 点，A、C、D 这 3 位将军发起进攻，歼灭了敌人，C、D 两位将军却发现 B 对他们传达的是"撤退"的虚假指令。显然 B 是叛变者，但是其虚假指令对最终任务的执行没有产生任何影响。因为，C、D 两位将军分别接到两条"进攻"指令、一条"撤退"指令，最终均执行了"进攻"指令（见图 1-1）。

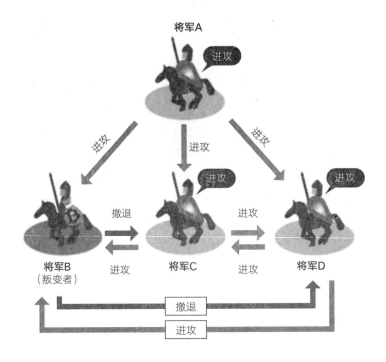

图 1-1　拜占庭将军谜题示意

这种方法，本质上就是利用通信次数换取信用。每个命令的执行都需要节点间两两交互去核验消息，通信成本非常高，且总通信成本将随着节点数的增加而大幅增加。

然而，如何解决这一看似简单的问题，却困扰了计算科学家数十年。其实，这个问题的核心在于如何让将军们达成共识，建立一套绝对可靠的信任机制。

直到 2008 年，"比特币之父"中本聪横空出世，将拜占庭将军谜题引进了区块链的世界里去求证，才找到了一个较为可行的解决方案。

从比特币到区块链的进阶

中本聪的解决方案是这样的：

- **点对点通信：** 在将军们的通信过程中，A 将军要给 B 将军下达一条命令，那么派出去的传令兵能准确地把命令传递给 B 将军。

- **节点传递的信息确定、可执行：** 所有节点对命令的解析和执行是一样的，这个命令必须是一个确定性的命令，不存在随机性。所有忠诚将军收到相同的命令后，执行这条命令得到的结果一定是相同的。

- **容错技术：** 如果命令是正确的，那么所有忠诚将军必须执行这条命令。忠诚将军需要判断接收到的命令是否正确。这个判断命令的方法是整个容错技术的核心。如果 10 位将军同时发起命令，各说各话，势必会造成系统的混乱。为此，中本聪增加了发送信息的成本——将军们将同时收到一道复杂的计算题，只有先解出答案的将军才能获得发起命令的权限。

● **数字签名：** 所有命令都有数字签名，不可伪造，但叛变者之间可能串通，会相互伪造签名。当某位将军发出"统一进攻"的消息后，其他将军收到发起者的消息必须通过非对称加密技术签名盖章，确认各自的身份。这种加密技术既可以保证信息的私密性、不可伪造性，又能让命令接收方确定发送方的身份，也就保证了将军们的行动一致。

中本聪把这个方案应用到了加密货币上，2008 年发表了《比特币：一种点对点的电子现金系统》一文，又在 2009 年公开了其早期的源代码，比特币就这样诞生了。图 2-1 是关于比特币原理的示意图。

若要探寻区块链的机制和原理，比特币永远是无法绕过的话题。区块链作为一种独立的技术出现，最早可以追溯到比特币系统。

"比特币白皮书"并没有直接提出"区块链"这一概念，但其解决交易记录真实有效且不可篡改的方案可以被看作区块链系统的雏形：客户端发起交易后向全网广播并等待确认，系统中的节点将若干待确认的交易和上一个区块的哈希值打包进一个区块中，并审查区块内交易的真实性以形成一个备选区块；

随后试图找到一个随机数值（nonce）使得该候选区块的哈希值小于某一特定值，一旦找到该数值系统就会判定该区块合法，继而节点会向全网进行广播，而其他节点对该区块进行验证后如果公认该区块合法，那么该区块就会被添加到链上，进而该区块中的所有交易也自然被判定为有效。此后发生的交易则依此类推，不断地链在该区块之后，进而形成一个历史交易记录不断串联的账本链条。任何对链条上某一区块的改动将会导致该区块哈希值的变化，进而导致后续区块的哈希值变化，与原有账本产生出入，因此篡改难度极高。

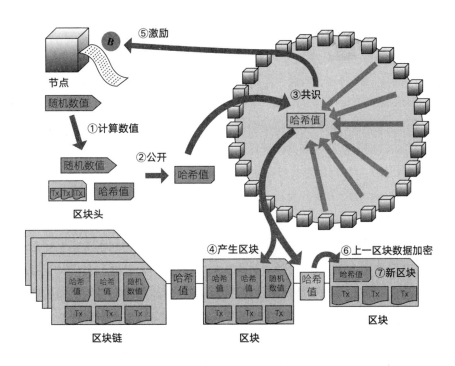

图 2-1　比特币原理示意图

注：Tx 代表交易信息。

在比特币系统中，区块通过计算获得信任，通过工作量证明（Proof of Work, PoW）防止信任成本过高、信息混乱局面的出现。比特币以上述方案为基础，由数千个分布式节点 7×24 小时不间断运行了 10 多年，迄今为止，未出现过重大的漏洞。

- 2009 年，中本聪根据他的理论"挖"出了第一批比特币，共 50 枚。

- 2010 年，第一个比特币钱包被存入了 1 万枚比特币，换了 2 个比萨。这是比特币的市场交易首秀。

- 2017 年 12 月，比特币的价格一度逼近 2 万美元。

- 2019 年 4 月，全球 IT 巨头思科公司（Cisco）预言：区块链的存储潜力将在 2027 年超过 10 万亿美元，占全球 GDP 的 10%；全球著名咨询公司德勤（Deloitte）也在其名为"区块链资产服务的未来"的报告中指出：2025 年区块链资产将占到全球 GDP 的 10% 左右；还有机构甚至预测：在未来 20 年内，区块链将存储全球一半的财富。

在传统的电子支付系统（如银行转账和第三方支付等）中，由银行或支付服务提供方来验证并记录系统中发生的交易，账本在中心机构手中，而比特币在人类历史上第一次实现了去中心化的电子货币发行和交易，即不需要一个中心化的第三方认证机构或账务管理系统对交易进行验证和记录，全网共同维护和更新一个相同的账本就可以了。

比特币的出现使电子货币系统从传统的"中心化账本 + 中介"模式向"公共账本 + 共识"模式的转变成为可能，而这种转变正是通过区块链技术实现的。

在典型的区块链系统中，数据以区块为单位产生和存储，并按照时间顺序连成链式数据结构，所有节点共同参与区块链系统的数据验证、存储和维护。

新区块的创建通常需要得到全网多数（数量取决于不同的共识机制）节点的确认，并向各节点广播以实现全网同步，之后不能更改或删除，从而实现了区块链对账本进行分布式记录的有效性。

在这种规则下，任何互不了解的人都可以通过加入一个公开透明的数据库，通过点对点的记账、数据传输、认证或者合约来达成信用共识，而不需要借助任何一个中间方。这个公开透明的数据库包括了过去所有的交易记录、历史数据及其他相关信息，所有信息都以分布式进行存储并透明可查，且以密码学协议的方式保证其不被非法篡改。因此，区块链的主要特性包括不可篡改、去中心化、共识机制和机密性（见图 2-2）。

去中心化

分布式计算，分布式存储。通过集体共享、维护数据体系，每个节点的参与者都可根据自己的需求在权限范围内直接获取信息，而不需要中间平台传递。

不可篡改

多方写入，共同维护。保证数据的稳定性和可靠性，降低数据被篡改的风险。

机密性

通过加密通信技术，来保证传输数据的安全性。

共识机制

通过多数参与方参与的共同验证过程达成共识，实现对区块链交易的真实性验证。

图 2-2　区块链系统的四大特征

● 不可篡改

　　区块链的不可篡改特性旨在保证数据的稳定性和可靠性，降低数据被篡改的风险。区块链的本质是一种数字分布式账本（Distributed Ledger），它由一系列加密算法、存储技术、对等网络等构建而成，它以对等访问、不可篡改和可信的方式保证所记录交易的完整性、不可篡改性和真实性。区块链的区块是一种具备一定信任机制、可执行读取和写入操作的数据集，可以存储的是交易的确认、合约、存储、复制、安全等相关的信息。

多方写入，共同维护。多方仅指记账参与方，不包含使用区块链的客户端。记账参与方应当由多个利益不完全一致的实体组成。在不同的记账周期内，应由不同的参与方主导发起记账（轮换方式取决于不同的共识机制），而其他参与方将共同对主导方发起的记账信息进行验证。

区块链系统记录的账本处于允许所有参与者访问的状态，但是公开账本指的是访问权限的公开。为了验证区块链所记录信息的有效性，并不代表信息本身的公开，记账参与者必须有能力访问信息内容和账本历史，因此，区块链需要用到很多加密技术，以解决通过密文操作就能验证信息有效性的问题。

● **去中心化**

去中心化特性是区块链分布式计算的自然结果，是以分布式计算的方式集体共享、维护数据体系，体系中每个节点的参与者都可以根据自己的需求在权限范围内直接获取信息，而不需要中间平台传递。区块链应当是一个不依赖于单一信任中心的系统，在处理仅涉及链内封闭系统中的数据时，区块链本身能够创造参与者之间的信任。但是在某些情况下，如身份管理场景，会不可避免地引入外部数据，并且这些数据需要可信第三方的信任背书，此时对于不同类型的数据，其信任背书应来源于不同的可信第三方，而非单一的信任中心。

● **共识机制**

区块链的共识机制特性在假设多数区块链参与方是可信的前提下，通过多数参与方参与的共同验证过程达成共识，而实现区块链交易的真实性验证，可在很大程度上防止基于区块链应用的违约现象发生。

● **机密性**

信息安全及密码学技术是整个信息系统的基石。区块链的机密性体现在：实际操作中大量使用了现代信息安全和密码学的技术成果。哈希算法、对称加密算法、非对称加密算法、同态加密算法、数字签名、数字证书、零知识证明等技术都是区块链应用中常见的。

从技术构成上看，加解密技术可以分为两大类：一类是对称加密，另一类是非对称加密。对称加密技术的加密密钥和解密密钥相同，而非对称加密技术的加密密钥和解密密钥不同，分别为公开密钥（Public key，简称为公钥）、私有密钥（Private key，简称为私钥）。公钥加密的数据只有对应的私钥可以解开，反之亦然。

区块链在全网传输过程中，都需要传输层安全协议（Transport Layer Security，TLS）加密通信技术来保证传输数据的安全性。TLS 加密通信技术的工作原理是：通信双方利用非对称加密技术协商生成对称密钥，再以生成的对称密钥作为工作密钥，完成对数据的加解密。这种加密通信技术同时利用了非对称加密技术不需要双方共享密钥和对称加密技术运算速度快的优点，堪称非对称加密技术和对称加密技术的完美结合。

单纯的 TLS 加密通信技术仅能保证数据传输过程的机密性和完整性，但无法保障通信对端可信（因为可能存在中间人攻击）。因此，需要引入数字证书机制，来验证通信对端身份，进而保证对端公钥的正确性。数字证书一般由权威机构签发。通信的一端持有权威机构（Certification Authority，CA）认证的公钥，用来验证通信对端数字证书是否被自己信任（数字证书是否由自己颁发），并根据数字证书内容确认对端身份。在确认对端身份的情况下，取出对端数字证书中的公钥，完成非对称加密过程。

综上所述，脱胎于比特币技术的区块链是一项全新的技术，它提供了一种去中心化的、无须信任积累的信用构建范式。人们也逐渐意识到区块链技术可能极具应用前景，它不该也不会仅限于在电子货币转账中使用。

共识机制，牵一发而动全身

区块链是一个可追溯、不可篡改且能够解决多方互信问题的分布式系统。但是，分布式系统必然会面临一致性问题，而解决一致性问题的过程即称为"共识机制"（Consensus Mechanism）。在分布式系统中建立共识机制需要依赖可靠的共识算法，共识算法通常解决的是分布式系统中由哪个节点发起提案，以及其他节点如何就这个提案达成一致的问题。

将一个包含真实交易信息的新区块添加区块链相对容易，而将一个交易信息自相矛盾的非法区块添加区块链就比较困难了，因为其他网络节点无法接受非法区块。网络节点宁愿后退，并将新区块与最近发生的真实区块关联在一起，也不会将新区块与非法区块连接。

共识机制
Consensus Mechanism

通过多数参与方参与的共同验证过程达成共识，实现对区块链交易的真实性验证。

实际上，一个包含错误信息的区块没有任何前景。区块链采用聪明的机制，并通过不同的方法，例如"工作量证明"、"权益证明"（Proof of Stake, PoS）、"实用拜占庭容错算法"（Practical Byzantine Fault Tolerance, PBFT）来实现分布式共识，进而形成一个可信的账本。这套机制从区块间互不信任的基本假设出发，催生了集体的信任，以让微观上达成共识的数据是可信的。

具体而言，区块链中的数据块串成一个链条，承前启后，新的数据块加入区块链后，会成为这个链条上一个新的区块，在这个区块上，除了包含自己的数据，也包含上一个区块的哈希值，也就是数据的"指纹"。区块链利用密码学中的哈希算法，保证区块链账本的完整性不被破坏。在每个区块内，生成包含上一个区块的哈希值，并在区块内生成验证过的交易的默克尔根[①]哈希值。一旦区块链某些区块被篡改，其后续的区块都无法得到与篡改前相同的哈希值，从而保证区块链被篡改时能够被迅速识别，最终保证区块链的完整性。

我们根据传统分布式系统与区块链系统间的区别，将共识算法分为可信节点间的共识算法与不可信节点间的共识算法。前者已经得到深入研究，并

---

① 默克尔根是默克尔树（Merkle tree）的一个节点，默克尔树是一种哈希二叉树，于 1979 年由美国计算机科学家拉尔夫·默克尔（Ralph Merkle）发明。——编者注

且在当下流行的分布式系统中广泛应用，其中以 Paxos 和 Raft 及其相应的变种算法最为著名。对于后者，虽然也早有人研究过，但直到近几年随着区块链技术获得长足发展后，相关共识算法才得到大量应用。根据应用场景的不同，不可信节点间的共识算法又分为以工作量证明和权益证明等算法为代表的适用于公有链的共识算法和以实用拜占庭容错算法与其变种算法为代表的适用于联盟链或私有链的共识算法。20 世纪 80 年代以来，共识算法获得了长足的发展，其具体发展历程如图 3-1 所示。

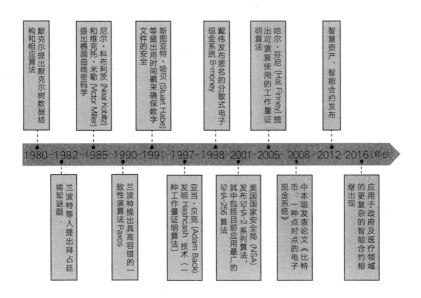

图 3-1　共识算法的发展历程

工作量证明并不是解决信任成本问题的唯一方案，虽然其安全性高，但容易造成资源的大量浪费，而且节点的验证效率也不高。为了提高节点的验证效率，人们又提出了新的证明方案。权益证明、委托权益证明（Delegated Proof-of-Stake，DPoS）、实用拜占庭容错算法等被逐步开发和使用。

智能合约，
没有第三方参与的可信交易

受比特币启发，维塔利克·布特林（Vitalik Buterin）于2014年开发上线了"以太坊"（Ethereum），从而使区块链的应用更进了一步。以太坊允许开发者在平台上部署智能合约，以处理逻辑更为复杂的业务。智能合约使得经过代码设定好的业务逻辑能够自动按照触发条件执行而无须人为干预，并且在区块链上公开透明。因此，区块链技术可以被广泛地应用在与合同处理、数据交换、所有权转移相关的金融、物联网、物流和共享经济等场景中。

智能合约
Smart Contract

智能合约可以理解为一种协议，允许在没有第三方的情况下，按照事先约定的条件，执行合同，进行可信任的交易。而且，这些交易不可逆转，但可保证能够追踪溯源。其目的是：提供比传统合同更可靠、更安全的执行方案，并减少与合同相关的其他不必要的交易成本。

　　智能合约可以理解为一种协议，允许在没有第三方的情况下，按照事先约定的条件，执行合同，进行可信任的交易。而且，这些交易不可逆转，但可保证能够追踪溯源。其目的是：提供比传统合同更可靠、更安全的执行方案，并减少与合同相关的其他不必要的交易成本。智能合约和传统合约的异同，如表 4-1 所示。

表 4-1　　　　　　　　　　　　　　智能合约与传统合约的比较优势

	传统合约	智能合约
格式	特定语言 + 法律术语	代码
确认和同意	签字、盖章	数字签名
争议解决	法官、仲裁员	仍在探索中（比如 EOS[①] 设立了仲裁论坛和仲裁小组）
效力	法院或仲裁机构	可通过法院或仲裁机构
执行效率	低	高
付款	根据合约约定	根据合约设定并自动执行
付款和执行	需要依赖可信赖的第三方	根据合约设定并自动执行
费用	高	低

　　智能合约作为共识机制的一种实现方式，可以提供共识机制所需的协议自动交互能力。

---

① EOS（Enterprise Operation System），是为商用分布式应用设计的一种区块链操作系统。——编者注

智能合约的概念可追溯到 20 世纪 90 年代，由美国计算机科学家、法学家及密码学家尼克·萨博（Nick Szabo）首次提出。他对智能合约的定义是："智能合约是一套以数字形式定义的承诺，包括合约参与方如何执行这些承诺的协议。"萨博等研究者希望借助密码学及其他数字安全机制，改变传统合约条款的制定与履行方式，降低相关成本。然而，由于当时许多技术尚未成熟，缺乏能够支持可编程合约的数字化系统和技术，因而萨博关于智能合约的工作理论迟迟没能得以应用。

随着区块链技术的出现与不断地走向成熟，智能合约作为区块链及未来互联网合约的重要研究方向，得以快速发展。基于区块链的智能合约包括事件处理和保存的机制，以及一个用于接收和处理各种智能合约的完备的状态机，数据的状态处理在合约中完成。事件信息传入智能合约后，会触发智能合约中的状态机进行判断。如果自动状态机中某个或某几个动作的触发条件满足，则由状态机根据预设信息选择合约动作，并自动执行。因此，智能合约作为一种计算机技术，不仅能够有效地对信息进行处理，而且能够保证合约双方在不必引入第三方权威机构的条件下，强制履行合约，避免违约行为的出现。

随着智能合约在区块链技术中的广泛应用，其优点已被越来越多的研究人员与技术人员认可。总体来讲，智能合约具备以下三大优点（见图 4-1）：

图 4-1 智能合约的三大优点

- **制定时的高时效性：** 智能合约在制定过程中，不必依赖第三
  方权威机构或中心化代理机构的参与，合约各方只需通过计
  算机技术手段，将共同约定条款转化为自动化、数字化的约定
  协议，这大大减少了协议制定的中间环节，提高了协议制定的
  效率。

- **执行时的高准确性：** 智能合约在执行过程中，由于减少了人为
  的参与，因此利益各方均无法干预合约的具体执行过程，计算
  机系统能够确保合约正确执行，这有效地提高了合约执行的准
  确性。

- **维护时的低成本性：** 智能合约在实现过程中以计算机程序为载体，一旦部署成功，计算机系统就会按照合约中的约定监督、执行，如果发生违约行为，可按照事前的约定由程序强制执行。因此，智能合约极大地降低了人为监督与执行的成本。

区块链技术可能会运用到的一个功能强大的概念是：智能合约编码协议。一旦触发预定条件，该协议将通过自动审核的方式来实现机构之间合约的自动生效和自动执行的设定。这类协议能够显著降低交易成本，而且因为交易双方都可以使用该协议，所以也能消除合约执行过程中的不确定性。

- **从合约的角度来看，** 智能合约可以被视为"自治代理协议"（Autonomous Agents），旨在通过响应特定信息或交易代码来执行任务的协议。

- **从计算的角度来看，** 智能合约是可以执行任意的或开放式用户指定的状态转换函数数组的程序，包括执行信息和存储。

- **从工作原理的角度来看，** 智能合约的工作原理类似于计算机程序中的"if-then"条件控制语句，我们可以将其理解为一个装着特定信息的"沉睡的盒子"，它只有在某些预设条件出现时才会被触发。具体来说，智能合约的执行大致可分为以下环节：首先，将合约以代码的形式编入区块链中，签约各方是匿名的，而合约内容在公开账本中是可见的；其次，全网验证节点会收到合约的相关编码，这类似于传统合约的盖章环节；最后，触发事件（截止日期、价格或者特定项）出现，合约根据代码自动执行。例如，父亲和孩子之间签署了一份智能合约，约定当孩子考上大学时，将房屋所有权赠予孩子。那么，当外部事件（孩子考上大学）发生后，合约会自动执行，将房屋所有权转赠给孩子（见图 4-2、图 4-3、图 4-4）。

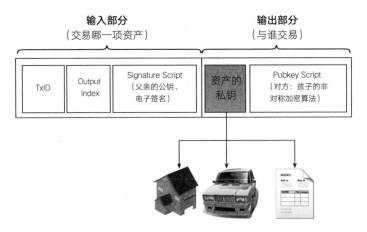

图 4-2　智能合约示例

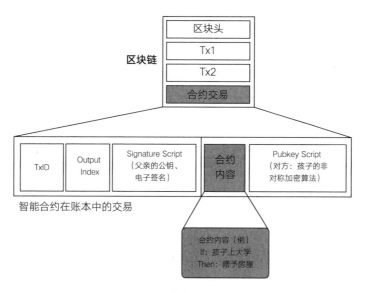

图 4-3　智能合约示例

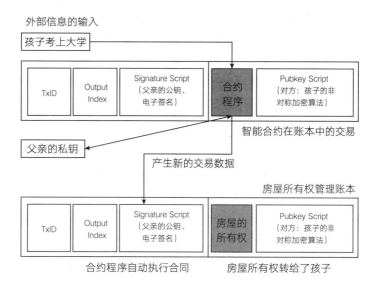

图 4-4　智能合约示例

据报道，全球第二大金融公司、保险巨头安盛（AXA）推出了一项以太坊公链上的智能合约保险产品。这款名为 Fizzy 的产品与 Etherisc（基于区块链的去中心化保险应用平台）的航班延误险类似，这个产品的规则很简单：个人支付保险费，如果航班延误超过两个小时，则自动获得赔偿。

目前，智能合约作为区块链的一项核心技术，已经在以太坊、Hyperledger Fabric（超级账本）等影响力较强的区块链项目中得到广泛应用。

- **以太坊的智能合约应用：** 以太坊的智能合约就是一段可以被以太坊虚拟机（Ethereum Virtual Machine）执行的代码。以太坊支持强大的图灵完备（Turing Complete）的脚本语言，允许开发者在上面开发任意应用，这些合约通常可以由高级编程语言（例如 Solidity、Serpent、LLL 等）编写，并通过编译器转换成字节码（Byte-code）存储在区块链上。智能合约一旦部署就无法修改，用户只能通过智能合约完成账户之间的交易，实现对账户的货币及状态的管理和相关操作的执行。

- **Hyperledger Fabric 的智能合约应用：** 在 Hyperledger Fabric 项目中，智能合约的概念及应用被更广泛地延伸。作为无状态的、事件驱动的、支持图灵完备的自动执行代码，智能合约在 Hyperledger Fabric 中的部署，直接与账本进行交互，处于十分核心的位置。与以太坊不同的是，Hyperledger Fabric 的智能合约和底层账本是分开的，升级智能合约时并不需要迁移账本数据到新智能合约中，真正实现了逻辑与数据的分离。Hyperledger Fabric 的智能合约称为链码（chain code），分为系统链码和用户链码。系统链码用来实现系统层面的功能，负责 Hyperledger Fabric 节点自身的处理逻辑，包括系统配置、背书、校验等工作。用户链码用来实现用户的应用功能，提供了基于区块链分布式账本的状态处理逻辑，由应用开发者编写，对上层业务提供支持。用户链码运行在隔离的链码容器中。

电子现金交易的本质是货币资产价值的转移。实际上，区块链带来的分布式记账理念不仅能为电子现金交易服务，还可以用于处理更广义的价值转移任务。

各类有形和无形资产的所有权归属和流通，理论上都可以运用区块链技术进行记录和追踪，并完成点对点的价值交换。这种理念的应用对于整个社会的信息和资产管理而言将会是一次意义重大的革新。

05

实时兑现的激励，谁也拿不走

中本聪对区块链中的激励机制进行了约定：对每个区块的第一笔交易进行特殊化处理，然后该交易会产生一枚属于此区块创造者的新的电子货币。这样一来，就增加了节点支持该网络的激励，并在没有中央权威机构发行货币的情况下，提供了一种将电子货币分配到流通领域的方法。

另外一个激励的来源是交易费。如果某笔交易的输出值小于输入值，那么差额就是交易费，该交易费将被增加到对该区块的激励中。只要既定数量的电子货币进入流通领域，激励机制就可以完全通过交易费顺利运作，那么这个货币系统就能免于通货膨胀。

激励机制也有助于鼓励节点保持诚信。如果有个贪婪的攻击者能够调集比所有诚信节点加起来更多的 CPU 算力，那么他就有两个选择：将其用于诚信工作以产生新的电子货币，或者将其用于破坏整个系统。随后他就会发现：按照规则行事、诚信工作更有利可图，因为这样做能够使他拥有更多的电子货币，而破坏这个系统则会使其自身财富的有效性受损。区块链的这种激励机制，深刻地改变了社会各主体之间的交易模式（见图 5-1）。

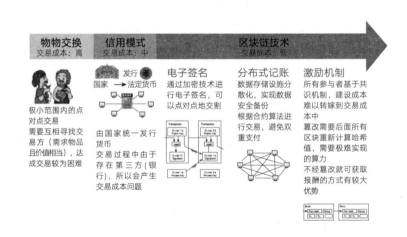

图 5-1　区块链对社会交易模式的革新

以比特币为例，比特币系统可以通过自身的算法来动态调整全网各个节点的挖矿难度，保证大约每过 10 分钟，比特币网络中就会有一个节点挖矿成功，一旦有人挖矿成功，比特币系统就会奖励此人一定数量的比特币。这就意味着，只要有人参与挖矿，那么每过 10 分钟，系统就会把一定数量的比特币分配给矿工中的某一个人。无论是有很多人参与，还是只有一个人参与，系统都会按照规则把若干比特币分配给某一个人。

　　这与游戏很像，只不过"挖矿"不限制玩家的数量，只要有人参与即可——每 10 分钟一局，奖品是若干比特币，而获奖者一定是玩家之一。另外，只要比特币系统持续运行着，那么这个奖励一定是每过 10 分钟左右就会发放一次，而且也不用担心作弊行为影响奖品发放，因为比特币的发放是由机器来控制的，且其代码都是开源的，所有人都能看到。

　　最重要的是：由于比特币本身是有价值的，因此矿工们只要计算好投入产出比，就可以确保每 10 分钟一次的出币对自己来讲是有利可图的，这吸引了源源不断的矿工和矿机加入比特币这个令人上瘾的系统。很多人甚至会带着一大批矿机去遥远的边陲山区或者像加拿大北部一些城市、北欧冰岛这样寒冷的地方去挖矿，因为那里不仅电费便宜，而且矿机散热的电量耗费更少。这个现象几乎可以媲美 19 世纪美国的淘金热。

　　简单来讲，比特币的激励机制有以下三个优点：

● **一是激励反馈迅速，** 每 10 分钟一次。

● **二是激励反馈公正透明，** 系统算法会动态调整挖矿难度且系统代码全部开源。

● **三是激励结果是正向的，** 只要矿工不是太外行，而且比特币价格持续攀升，那么挖矿就可以赚钱。

除了比特币激励机制的以上三个优点，比特币挖矿之所以会源源不断地吸引越来越多的人参与其中还有一个原因：它是存在于现实世界的一种激励机制。在比特币被发明之前，类似的激励机制只存在于游戏等虚拟世界里，而现在，现实生活中竟然也出现了这种激励机制，那么很多人这么积极投身其中也就不足为奇了。从根本上说，比特币激励机制的吸引力是跟现实世界的激励机制比较得来的。

现实世界是一个中心化的世界，这个世界中的激励机制大都被许许多多的"中心"控制着。比如，对于一个员工来讲，其最大的激励机制无非就是：他给公司这个系统付出智慧和努力，公司给他工资和奖金，但是他到底能获得多少工资和奖金？这是不确定的，并不是付出越多就能获得越多。假如他能力很强，但是不会处理上下级关系，导致年末发奖金的时候少了他本该获得的那部分，他也无可奈何。这种激励效率方面的问题，任何一个中心化的机构都不能避免。

虽然管理学界一直在研究如何解决中心化机构激励不到位、激励效率过低的问题，但一直都没有找到根本性的解决方案。而在比特币的激励系统里，

激励机制
Motivate System
在比特币的激励系统里，你的能力就是你的算力，如果你某段时间的算力是某个区块中的第一名，那么这段时间的奖励就一定是你的，而且没有任何人可以拿走你应得的那部分。

你的能力就是你的算力，如果你某段时间的算力是某个区块中的第一名，那么这段时间的奖励就一定是你的，而且没有任何人可以拿走你应得的那部分。这或许可以为中心化机构解决激励方面的问题提供一些启发。

另外，在传统企业中员工获得的激励，比如工资或者奖金都是按月度、季度或年度发放的，这个时间相当漫长，但比特币系统上的激励却是每 10 分钟一次，这就意味着参与这个系统的人每 10 分钟就能获得一次"工资"。设想一下，当我们看着钱包里的钱每 10 分钟增加一次，会不会觉得动力满满？而且我们越努力，获得的奖励就越多。

现在，我们应该很容易理解区块链的激励机制的三个优点：**首先，短时间内反馈一次结果；其次，反馈公正透明；最后，每次反馈的结果都是正向的。**而传统的中心化机构或多或少都存在这样的问题：要么只满足其中一点或两点，要么就都满足不了。按照目前大部分企业的员工激励情况来看，如果反馈时间短，比如工资是按日结的，那么这种工作多是临时工，没有长期稳定的雇佣合同，满足不了第二条；如果是稳定发放工资的，一般都是月结，满足不了第一条。

当然，很多中心化的大公司也会给员工发季度奖金和各种福利，这已经是人类在激励机制上能达到的最高水平了，但也不过如此，完全无法与去中心化的系统相比。

06

不可篡改的账本，
降低信用的建立成本

    区块链技术的本质是去中心化且寓于分布式结构的数据存储、传输和证明的方法。区块链用数据区块取代了目前互联网对中心服务器的依赖，使所有数据变更记录和交易项目信息都存储在一个云系统中，理论上实现了数据传输中对数据的可信度证明，这超越了传统意义上数据可信度证明需要依赖中心服务器的信息验证范式，降低了信用的建立成本。

从分布式网络到分布式账本

    分布式网络技术已有几十年的历史。最早的 P2P（Peer-to-Peer）分享传输技术源于 1999 年一位名叫肖恩·范宁（Shawn Fanning）的美国大学生开发的

Napster 软件。用户启动 Napster 后，计算机就会变成提供上传和下载服务的微型服务器，可为该用户和其他使用 Napster 软件的用户提供上传和下载服务。而对于大多数人来说，可能更熟悉 BitTorrent（俗称 BT）和 eMule（俗称电骡），它们都是基于多点下载的源码公开的 P2P 软件。与以往的 HTTP（超文本传输协议）、FTP（文件传输协议）、pubsub（发布订阅协议）等下载的人越多，速度越慢的方式迥然不同的是，使用 P2P 方式下载的人越多，速度越快，这使得 BT 和 eMule 成为网上交流资源最高效的方式。

在传统的中心化网络中，一个中心节点受到攻击，整个系统都有可能遭到破坏，而去中心化的网络采用分布式记录、分布式存储和点对点通信等技术，任意节点的权利和义务都是均等的，且以去中心化的方式集体维护共享的平台，每个节点都可以根据自己的需求在权限范围内直接获取信息，而不需要借助中间平台，这样就避免了系统被某个人或机构操纵的可能性，任意节点遭受攻击或停止工作，都不会影响整个系统的运行。

下面我们以 eMule 的下载过程来说明分布式网络的运行机制（见图 6-1）。每个 eMule 客户端都预先配置了一个服务器列表和当地文件系统的共享文件列表，客户端用单独的 TCP（传输控制协议）连接到一个 eMule 服务器登录到网络中，获得想要的文件信息和客户端，eMule 客户端也用几百个 TCP 连接到其他客户端进行文件的上传和下载。每个 eMule 客户端对它的每个共享文件都维护着一个上传队列，有下载需求的客户端会先加入队列的底部，然后逐渐前进直至到达队列的顶部，并开始下载它需要的文件。一个客户端可以从几个不同的 eMule 客户端中下载同一个文件的不同文件块，客户端还可以上传它还没有下载完成的文件的部分文件块。

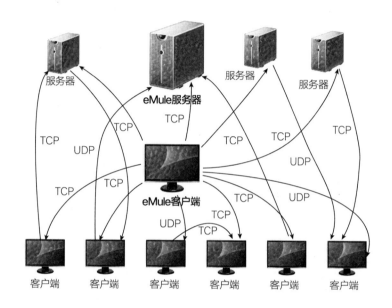

图 6-1　分布式网络示意图

注：UDP 指用户数据报协议，可为应用程序提供一种无需建立连接就可以发送封装的 IP
　　数据包的方法。

　　在准备阶段，eMule 客户端用 TCP 连接到一个 eMule 服务器[①]，服务器分配
一个 ID 给该客户端，在客户端与服务器连接的整个生命周期里，它是有效的。
需要注意的是：如果客户端有一个高 ID，它会从所有的服务器中接收到相同

[①] 为简单起见，eMule 客户端与 eMule 服务器在后文中分别简称为客户端与服务器。——编者注

的 ID，直到它的 IP 地址改变。在连接建立之后，客户端发送它的共享文件列表到服务器中，服务器把这个列表存储到它的内部数据库中，这个数据库通常包含了成百上千个有效的文件和活动的客户端。客户端也发送它的下载队列，其中包含它想下载的文件，建立连接之后，服务器给客户端发送有它想下载的文件的其他客户端列表（这些其他客户端称作"源"）。至此，每一个客户端开始与其他客户端建立连接，一个客户端连接到另一个客户端（源）是为了下载文件。要补充说明的一点是：一个可供上传和下载的文件可以被分成很多块，客户端可以从几个不同的客户端下载同一个文件来获得不同的文件块。

当两个客户端连接时，它们会先交换容量信息，然后确定何时开始下载。每个客户端有一个下载队列——记录等待下载文件的客户端列表，该下载队列为空白时，一个下载请求很可能会导致一个下载直接开始，除非这个请求者被禁止下载；当下载队列不是空白时，发出这个请求的客户端将会加入队列中。

当有下载请求的客户端到达下载队列的头部时，上传的客户端会初始化一个连接来给它发送其需要的文件块。一个客户端可以同时在几个其他客户端的等待队列中，注册下载相同文件的块，当其中一个等待队列中的客户端实际上完成了该文件块的下载，此客户端不会通知其他客户端在其队列中删除它，当它到达下载队列头部时只需拒绝这些客户端的上传意图即可。

区块链的最底层就是一个解决点对点信息沟通和数据传输的分布式网络。基于 P2P 的对等网络结构软件，没有中心服务器，每个节点都会存储一份完整数据，想要修改数据也只能修改自身节点上的数据，然而只修改自身数据不能得到其他节点的认可，导致无法验证通过，也就不能将数据打包到区块之中。除此之外，一个数据打包进区块后，想要篡改这个区块中的数据，那么后续区块中的数据都需要修改，因此篡改难度大。分布式网络的核心在于信息的一致性，即如何在一个任何参与节点都能够发起认证、交互及广播信息的环境中，通过预设的算法、协议进行信息同步。在区块链的背景下，这一预设的算法、协议就是共识机制。

分布式账本是区块链的第二个层面，是一个借助加密技术，进行分布式记账的账本，其衍生出的分布式金融体系，与我们传统的金融体系有极大差异，并主要表现在维护成本上。传统金融体系需要一整套复杂、繁重的设施来保证其运行，而分布式的金融体系只需要算法和代码定义的规则。具体来说，在传统的金融体系内，银行会通过严格的审核流程去评估用户的信用，且往往需要依赖于可信任的第三方，例如中央清算所，作为可信任的第三方记录银行和不同主体之间的转账交易。

分布式金融体系则是一个完全开放的网络，通过"全民参与"的方式记录和同步各类转账交易，不依赖第三方，所以，其本质是一个去信任的账本网络。比特币、以太币等一系列点对点的数字资产均建立在区块链分布式账本的基础上。

以往，数据库或账本都是由某个中心管理机构持有，其他机构所有的交易记录都需要发送给这些中心管理机构，从根本上说，交易记录被这些机构掌握着。这种方法存在如下弊端：

- 每个中心机构独立拥有整体的账本，会存在"中心点故障"的风险。

- 因为需要对各种账本进行审核，所以完成任意一笔交易都需要耗费大量时间，这会导致工作失误和很多重复的计算。

而在一个分布式架构中，数据库或账本由 P2P 网络中的所有参与者共享且存储在全部网络节点上。凭借区块链架构，这些新型参与者与当下中心化的管理机构的地位一样，或者会取代现有部分参与者的位置。P2P 网络中的节点能够生成和审核新数据，每一个节点复制账本的过程与其他节点同步发生，从而确保每一个节点都可以实时访问绝大部分现有数据。

所以，分布式账本具有以下优点：

- 在网络中共享账本能够很好地应对节点失效（如中心点故障）的情况，当不法行为出现或黑客入侵时也能应对自如。

- 因为不需要审核账本，交易耗时缩短，可以降低人力成本。而且，由于人为犯错的次数减少，账本信息的精确性将得到提高。

作为区块链最为显著的特征，不可篡改性是区块链系统的必要条件，而不是充分条件，因为有很多基于硬件的技术同样可以实现数据一次写入、多次读取且无法篡改，一个典型的例子是一次性刻录光盘（CD-R），而区块链的不可篡改是基于密码学的散列算法，以及多方共同维护的特性，因此，区块链的不可篡改并不是严格意义上的，所以其实称之为难以篡改更为合适。

分布式账本技术本质上是一种可以在由多个网络节点、多个物理地址或者多个组织构成的网络中进行数据分享、同步和复制的去中心化数据存储技术。相较于传统的分布式存储系统，分布式账本技术主要具备以下两种不同的特征：

- 传统分布式存储系统执行受某一中心节点或权威机构控制的数据管理机制。

- 分布式账本往往基于一定的共识规则，采用多方决策、共同维护的方式进行数据的存储、复制等操作。

面对互联网数据的爆炸式增长，当前由单一中心

> **分布式账本技术**
> **Distributed Ledger Technology**
> 本质上是一种可以在由多个网络节点、多个物理地址或者多个组织构成的网络中进行数据分享、同步和复制的去中心化数据存储技术。

组织构建数据管理系统的方式正面临严峻挑战，服务方不得不持续追加投资建设大型数据中心，计算、网络、存储等各种庞大资源池的效率问题的解决迫在眉睫，不断攀升的系统规模和复杂度也对系统可靠性提出了更高的要求。分布式账本去中心化的数据维护策略恰恰可以有效地减轻系统的负担，更加充分地利用互联网中大量零散节点所构成的庞大资源池。

传统的分布式存储系统将系统内的数据分解成若干片段，然后进行存储，而分布式账本中任何一个节点都各自拥有独立、完整的数据存储，各节点之间彼此互不干涉、权限同等，通过共识机制达成数据存储的最终一致性。

经过几十年的发展，传统的高度中心化的数据管理系统在数据可信、网络安全方面的短板已经日益受到人们的关注。普通用户无法确定自己的数据是否会被服务商窃取或篡改，在受到黑客攻击或数据遭到泄露时更是无能为力。为了应对这些问题，人们不断附加额外的管理机制或使用更复杂的技术，这进一步推高了传统业务系统的维护成本、降低了商业的运行效率。

分布式账本技术可以在根本上大幅改善这一现象，由于各个节点各自拥有一套完整的数据副本，所以任一节点或少数集群对数据的修改，均无法对系统大多数副本造成影响。

换句话说，无论是服务提供商在无授权情况下的蓄意篡改，还是网络黑客的恶意攻击，均需要同时影响到分布式账本系统中的大部分节点，才能实现，否则系统中的剩余节点将会很快发现并追溯到此恶意行为，这大大提升了业务系统中数据的可信度和安全性。

区块链的本质是一种数字分布式账本，它由一系列算法、技术、工具集构成的架构组合而成，以分布式、不可篡改、可信的方式保证所记录交易的完整性、不可反驳性和不可抵赖性。以上这些特性使分布式账本技术成为一种非常底层的、对现有业务系统具有强大颠覆性的革新。

典型的区块链系统中，各参与方按照事先约定的规则共同存储信息并达成共识。为了防止共识信息被篡改，系统以区块为单位存储数据，区块之间按照时间顺序排列并结合密码学算法组成链式数据结构，通过共识机制选出记录节点，由该节点决定最新区块的数据，其他节点共同参与最新区块数据的验证、存储和维护。数据一经确认，就难以删除和更改，只能进行授权查询操作。

当然，区块链的信息不可篡改这一特点也具有两面性：数据唯一、可信是其优势，但是当身处复杂应用体系的时候，数据经常需要修改，如银行密码重置等，这对于区块链来说是硬伤。区块链不可篡改不等于不能篡改，只是篡改的成本较高，例如利用分叉技术。分叉也就是"复制并修改"的意思，一般情况下，如果区块链的底层设计出现了错误，可以通过分叉技术改正这些错误。

从数据结构到区块结构

区块链是一个分布式的、支持点对点传输的数据存储技术，它的数据结构可以简单地分为区块头（Header）和区块体（Body）。区块头中有使用前一个区块的哈希值来维持的链式结构，还有可以用来归纳区块中的交易信息的默克尔根，同时节点可以使用默克尔树进行快速验证交易。区块体则主要包含了成百上千的交易信息。一个交易被发送到区块链网络中后，就会被打包到区块中。总之，区块头包含父区块哈希值、默克尔根、难度目标和随机数等信息；而区块体则包含了交易哈希值列表。

Nonce 是一个随机数，但这个随机数不是随便给的，节点需要找到一个合适的随机数，使得这个区块的哈希值小于难度目标值。刚才讲到一个交易被发送到区块链网络中，需要先被打包成一个区块，然后把区块发送到网络中，如果这个区块通过了共识机制的验证，并被存储于链上，这个交易就算完成了。怎么打包区块信息呢？这就需要寻找随机数了。

只要节点寻找到了一个合适的随机数，就完成了一次挖矿，就构建出了一个完整、合法的区块，然后广播到点对点的网络中，只要其他节点认可（即共识）这个区块，那么完成挖矿的节点就能得到奖励。这也是鼓励节点参与挖矿以及维护区块链安全的激励机制。

寻找随机数比拼的就是节点计算机的算力，算力越高，速度越快。难度目标值是区块链网络为了调节挖矿难度而设置的，以保证每次成功的挖矿在

10 分钟左右完成，且每生成 2 016 个区块后，区块链网络就重新计算一次难度目标值。

区块链内存储的信息都是经过哈希函数处理后的"乱码"，由于该函数的特性，这些"乱码"是可验证但无法被还原的，交易细节只由交易双方进行存储，所以区块链起到了一定程度的信息保密作用。

由于每一个区块都保存了上一个区块的哈希值，因此这些区块就被连接起来了（见图 6-2）。

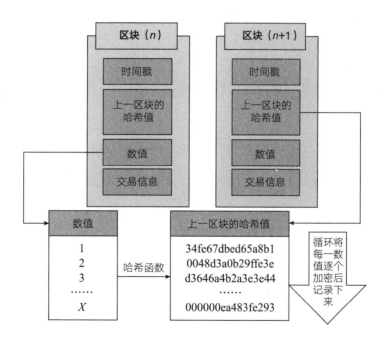

图 6-2 分布式账本的区块示意图

在计算机科学中，二叉树是每个节点最多有两个子树的树状结构，每个节点代表一条结构化数据。二叉树常被用于数据快速查询。默克尔树也是一种二叉树，在默克尔树中，通常子树被称作"左子树"（left subtree）和"右子树"（right subtree）。树这种数据结构，在区块链中扮演着重要的角色，交易的数据、账号的管理、交易的收据等信息都是以树状结构为基础。

二叉树，它的作用主要是快速归纳和校验区块数据的完整性，它会将区块链中的数据分组进行哈希运算，向上不断递归运算产生新的哈希节点，最终只剩下一个默克尔根存入区块头中，每个哈希节点总是包含两个相邻的数据块的哈希值（见图6-3）。

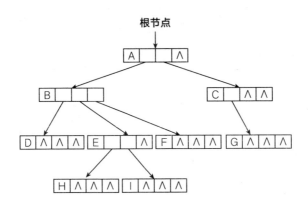

图6-3　二叉树示意图

默克尔树有诸多优点：首先，它极大地提高了区块链的运行效率和可扩展性，使得区块头只需包含根哈希值而不必封装所有底层数据，这使得哈希运算可以高效地运行在智能手机和物联网设备上；其次，默克尔树支持"简化支付验证协议"（Simplified Payment Verification，SPV），即在不运行完整区块链网络节点的情况下，也能够对交易数据进行检验。所以，在区块链中使用默克尔树这种数据结构意义非凡。

为了保持数据一致，分布式系统节点间的数据需要同步，如果对机器上的所有数据都进行一一比对的话，数据传输量就会很大，从而造成"网络拥挤"。为了解决这个问题，可以在每台机器上构造一棵默克尔树，这样在两台机器间进行数据比对时，就可以从默克尔树的根节点开始进行比对，如果根节点一样，则表示两个副本目前是一致的，不再需要任何处理；如果不一样，则沿着哈希值不同的节点路径查询，就能很快定位到数据不一致的节点，只要把不一致的数据同步即可，这样大大节省了比对时间，且极大地降低了数据的传输量。

在区块链中，每一区块只有一个父区块，这是因为一个区块只有一个"父区块哈希值"，并指向它的唯一父区块。

但一个区块却可能出现多个子区块，这种情况被称为"区块链分叉"。区块链分叉只是暂时状态，只有当多个不同区块几乎同时被不同的矿工发现时才会发生。然而，最终只有一个子区块会成为区块链的一部分，区块链分叉的问题将不复存在。

当父区块有任何改动时，父区块的哈希值也将发生变化，这将迫使子区块的父区块哈希值发生改变，从而又将导致子区块的哈希值发生改变，而子区块的哈希值的变化又将迫使孙区块的父区块哈希值发生改变，这又因此改变了孙区块的哈希值，以此类推。一旦一个区块链上有很多区块以后，这种连锁反应将保证该区块不会被篡改，除非强制系统重新计算该区块的所有后续区块。正是因为这样的重新计算需要耗费巨大的计算量，所以，一个区块链所包含的区块足够多时，可以让区块链的历史数据几乎不可改变，这也是比特币安全性极高的原因所在。

从关系型数据库到去中心化的数据存储

在 IT 界，数据库是一个特别古老的研究领域，从最初的文件系统，到后来的实体关系模型（Entity Relationship Diagram，ER）。实体关系模型的提出催生了一系列伟大的数据库公司和软件，例如 IBM 的 DB2、Sybase、Oracle，微软的 SQL Server、MySQL 等，也引发了传统数据库的三大成就：关系模型、事务处理、查询优化。

传统的数据库不使用"块"，而是使用"表"。表是数据库中以表格形式保存的相关数据集合，由列和行组成。在关系型数据库中，表是一组数据元素（值），使用垂直列（通过名称可识别）和水平行的架构模型，形成行和列相交的单元格（见图 6-4）。表具有指定数量的列，但可以有任意数量的行。人们可以在数据库中对数据执行四种基本操作：创建、读取、更新和删除。

库存管理表

字段	类型	备注
员工ID	数值型	主键
入库产品ID	数值型	非空
入库数量	数值型	非空
入库日期	日期	非空

员工管理表

字段	类型	备注
员工ID	数值型	主键
姓名	字符串	非空
职位	字符串	非空
出生日期	日期	
入职日期	日期	非空

员工管理表

字段	类型	备注
员工ID	数值型	主键
销售产品ID	数值型	非空
销售数量	数值型	非空
销售日期	日期	非空
购买客户	字符串	非空

图 6-4 关系型数据库示例

数据库允许人们不断更改甚至删除过去存储的数据，而区块链能够保持历史数据不变并始终可用，且只允许两种操作：创建和读取。区块链只能在末尾附加一个完整的区块，其中包含交易信息和对其他记录的确认、存储、复制以及相关的合约和安全等信息，添加后的数据只能读取而无法更新或删除。

区块链技术是一项新兴的技术，是去中心化的，而传统数据库更偏向于集中式，两者之间的差异将随着区块链技术的发展而不断扩大。

众所周知，区块链本质上就是一个去中心化的数据库，相比于传统数据库，最明显的差别在"去中心化"这四个字上。那么，传统数据库和区块链数据库之间到底存在什么样的区别呢？这要从以下四个方面来分析：

- **分散式控制：** 通常，区块链允许不同的参与方彼此共享信息，而不需要中央管理员，我们前面讨论的共识机制在区块链的决策中发挥着重要作用。而传统的数据库具有完全不同的性质，它需要中央管理机构，因为在某些情况下，不能依赖于一致意见。

- **本身的历史：** 传统数据库只记录当前的信息，它们不跟踪记录以前的信息。而区块链不仅可以实时保存信息，还可以跟踪以前的事务信息，也就是可以创建含有自身历史的数据库，它们就像不断扩展的自身历史档案一样不断变大。

- **性能：** 区块链被用作记录系统时，是理想的交易平台，但在应用于数字交易领域时，则被认为是速度较慢的数据库。

- **机密性：** 区块链中的联盟链像传统的集中式数据库一样，可以同时进行读写控制。但是，如果机密性是唯一的目标，那么区块链与传统的集中式数据库相比就没有任何优势。

自控与自治，
区块链正在重塑商业范式

区块链的去中心化、共识机制、不可篡改和机密性等特性构成了区块链的核心应用能力。

经济社会的各项活动都高度依赖信任。当下，几乎任何一种形式的经济活动都需要一个可信任的第三方存在，引入第三方后，交易的不确定性便大幅降低。然而，第三方模式也有一定的缺点。首先，需要支付交易费用，且在某些场景下可能较高；其次，过分依赖第三方可能带来安全问题，部分敏感数据或保密信息可能泄露；另外，第三方的可信度存在不确定性。

这便是区块链技术存在的意义和需要解决的痛点，区块链本质上是一种在公开、分散、对等的网络条件下实现大规模协作的工具，它与传统的中心化调配具有较大的区别。区块链的第三个层面，是一个包含激励的分布式、开放的经济生态，与传统企业借助固定的雇佣关系和参与者绑定经济利益不同的是：区块链式的经济生态通过灵活的"行为－奖励"机制激励参与者。

在区块链式的经济生态中，参与者不再受到单一雇主的限制，参与者可通过完成一系列根据规则预先设定好的任务或工作，从各个渠道获得报酬，例如求解哈希值、共享资源、上传优质内容等。同时，在传统企业中，参与者的报酬通过法定货币的形式发放，而在区块链式的经济生态中，报酬是通过可编程的数字资产进行发放，经济激励第一次成为可以自动化、智能执行的一串代码。

区块链技术正通过改变人们交互和协作的方式，不断向各个行业和应用场景渗透，并引发了科研界、产业界的热议。目前，区块链技术正在努力夯实基础，为具有特定场景经济激励的全新商业模式的诞生做好充足准备。

从控制到自控

通过前几章的介绍，我们对区块链技术的基础架构模型有了一些基本的认识。区块链系统一般由数据层、网络层、共识层、激励层、合约层和应用层6个部分组成（见图7-1）。

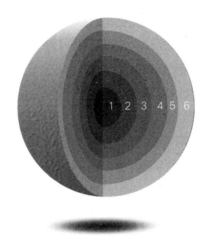

1. 数据层
哈希函数、交易数据、时间戳、非
对称加密算法、区块数据等

2. 网络层
P2P网络、验证机制、传播机制等

3. 共识层
PoW、PoS等

4. 激励层
发行机制、分配机制等

5. 合约层
智能合约、脚本代码、算法机制等

6. 应用层
数字货币、智能制造、智能农业、
智能社会等

图 7-1　区块链系统的 6 层架构

- **数据层**：封装底层数据区块以及相关的加密信息和时间戳等技术要素。

- **网络层**：封装分布式组网机制、数据传播机制和验证机制。

- **共识层**：主要封装网络节点的各类共识算法。

- **激励层**：将经济因素集成到区块链技术体系中来，主要封装经济激励的发行和分配机制等。

- **合约层：** 主要封装各类脚本代码、算法机制和智能合约，是区块链可编程特性的基础。

- **应用层：** 封装区块链的各种应用场景及案例。

没有单点故障。这主要适用于 PoS 和 PoW 共识机制，而对于 DPoS（委托权益证明）共识机制来讲，当几个节点同时不可用时，可能会出现问题。

没有管理员。在区块链上没有管理员这样一个角色来掌握更改内容的权力，而是由各个节点相互协商，共担责任。因而，区块链具有去信任、抗删除的特点。在区块链系统中，节点之间无须任何信任也可以进行交易，因为整个系统的运作规则是公开透明的，所有的数据内容也是公开的，所有节点都必须遵守相同的交易规则，这个规则是基于共识算法而不是信任。因此，在系统指定的规则范围和时间范围内，节点之间不能也不必相互欺骗，自然也就无须任何第三方介入（见图 7-2）。

传统数据库一般由一个或一组管理员维护，管理员有权对数据执行增、查、改、删等操作。数据管理员通常是大公司的管理者，他们会遵守公司所有者制定的规则，授予用户有限的权力来创建、读取、修改或删除数据。

但在传统数据库中，即使用户输入了正确的数据，管理员还是可以修改或删除它。如果对数据的正确性存在争议，用户通常没有或者仅掌握有限的修改权限，而管理员总是比用户拥有更多的权限。

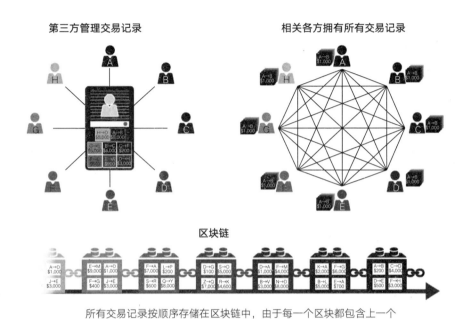

所有交易记录按顺序存储在区块链中，由于每一个区块都包含上一个
区块的数据信息，因此很难被篡改

图 7-2 从控制到自控

区块链中不存在具有修改和删除数据权限的管理员。网络中的节点必须
对任何要添加的数据达成一致，一旦新的区块被添加到区块链中，并达成共
识，就没人能轻易地更改这些历史数据，而且人们总是可以通过区块链对过
去发生的事情进行证实。

区块链取代了传统的由管理员维护的单一服务器模式，换以一组独立节
点，来对添加的内容达成共识。

区块链是各参与方基于共识机制建立数字信任的分布式共享账本，是以下几种技术的集成创新：

- 基于时间戳的链式区块结构，上链数据难以篡改。

- 基于共识算法的实时运行系统，指定数据可以共享。

- 基于智能合约的自主规则，技术性信任可以认证。

- 基于加密算法的端对端网络，交易对象可以互选。

从应用形态上讲，区块链可分为公有链、联盟链和私有链。不同类型的区块链适用于不同的应用场景（见表 7-1）。

表 7-1　　　　　　　　　　　　　　　区块链的三种类型

	公有链	联盟链	私有链
参与者	任何人自由进出	联盟成员	个体或公司内部
共识机制	PoW/PoS/DPoS	分布式一致性算法	分布式一致性算法
记账者	所有参与者	联盟成员协商确定	自定义
激励机制	需要	可选	不需要
中心化程度	去中心化	多中心化	（多）中心化
突出特点	信用的自动建立	效率和成本优化	透明和可追溯
典型场景	虚拟货币	支付、结算等	企业内部审计等

● **公有链**

公有链是一种完全开放的区块链，其参与者可以随时进入系统进行数据读取、交易发送与确认、竞争记账以及系统维护等操作。公有链的典型应用包括比特币、以太坊等。

比特币的技术平台就属于第一代公有链，任何人都可以通过"挖矿"（破解比特币计算公式）获得节点认证，只要认同比特币的价值，也可以花钱购买比特币获得认证。"加密数字货币"和"加密数字货币交易所"大多具有这样的性质。

公有链架构的基本特征是：采用开放读写及交易权限的去中心分布式账本；采用共识算法及加密算法的去中介数字信任机制；实行工作量证明及权益证明的虚拟货币激励机制。

公有链架构的技术性缺陷是：硬件需求高，交易速度低。具体来说有以下四个方面的问题：一是海量数据存储需要巨大的空间；二是数据同步需要高速的网络；三是各个节点的运行能力需要达标和均衡；四是频繁计算需要消耗巨大的电能，无法适应规模化的应用场景。在这种"去中心化"的架构下，无论是比特币，还是以太坊，至今都无法解决交易效率的问题。

● **联盟链**

联盟链是指由多个机构共同参与管理的区块链，每个组织或机构管理一个或多个节点，其数据只允许系统内不同的节点进行读写和发送。这方面的例子有很多，比如 Facebook 公司旗下的 Libra 就是其与 28 家国际级支付机构共同打造的联盟链。光大银行联合中国银行、中信银行、民生银行、平安银行等基于区块链技术共同打造的"福费廷交易平台"（BCFT）也是一个联盟链。所谓福费廷交易平台，简单理解就是一个票据及其衍生品的交易平台。

联盟链是指由若干个机构共同参与管理的区块链，属于一类介于公有链和私有链之间的混合式区块链。其中，每个机构运行并管理着链上一个或多个节点，其数据只允许联盟内的机构进行读写，各机构间可互相发送交易，并共同记录交易数据。联盟链的典型应用包括超级账本、以太坊等。

联盟链一般可以被看作私有链的集合，采用分布式、多中心、有中介的架构，其基本特征是：开源式、多中心的分布式账本；有限许可、有限授权的读写及交易权限；不强调去中介的数字信任机制。区别于传统的大中心数据架构，联盟链的"中心"地位可以不由行政指定，而在很大程度上取决于技术先进性、服务友好性的竞争结果；"信任"可以来自中介、依托传统信用模式，也可以是去中介的技术性信任。联盟链的技术架构，提供了规模化应用的可能性，比较适合金融交易场景特定的需求。

● **私有链**

私有链也称专有链，是一条非公开的链，通常情况，未经授权不得加入（成为节点）。私有链中各个节点的写入权限皆被严格控制，读取权限则是有选择性地对外开放。比如，某社区需要选举，于是开发一个基于区块链技术的投票系统，社区内部所有人都可以在链上投票，而且使用者可以匿名，但这个链只对社区内部成员和开发者开放，且控制权在社区主管机构。可以看出，私有链是一个不完全去中心化的区块链，因而许多人认为区块链如果过于中心化，那就跟中心化数据库没有太大区别了。

私有链架构的特点是：分布式账本是有中心的，读写及交易权限必须得到中心的许可并接受其约束和限制，私有链的数字信任机制并不强调去中介。私有链具有传统信息技术架构的"中心化"特征，且采用了分布式账本、智能合约、加密算法等区块链技术，因而这类区块链平台与现有信息技术平台容易集成，可以建立局域性的多维度交互架构，提高数据处理速度和效果。

从公有链、联盟链到私有链，作为一种在缺乏相互信任的竞争环境中低成本完成可信交易的新型计算范式或协作模式，区块链凭借其独有的信任解决机制，正在改变诸多行业的运行规则，是未来发展数字经济、构建新型信任体系不可或缺的关键技术。

从他治到自治

传统数据库进行数据复制，主要是为了防止数据丢失，但并不能防止管理员或其他人篡改或重写历史数据。另外，如果一个服务器接受了更改，而其他服务器没有，那么还可能出现数据不一致的情况。

区块链利用去中心化的共识机制，轻松解决了上述问题。一旦网络中的所有或大多数节点同意添加一个新区块，数据就会被写入许多其他节点中，即便产生区块的节点在同步后立即崩溃，数据也总能在其他节点上安全保存，崩溃的节点随后还能够从其他有效节点处获得关于所有区块的有效版本的数据。

数据在所有节点达成一致后会被写入所有磁盘，而对于传统数据库来说，多个备份数据库也达不成与区块链同等的安全性。

数据复制意味着一个服务器向其他服务器发送数据以进行备份。在存储数据之前，服务器之间并没有对要存储的数据达成共识，如果一个服务器发送了无效或错误的数据，其他服务器只会盲目地接收和存储它。而在区块链中，大多数节点在将一个区块添加到区块链之前必须达成一致意见。

传统数据库采取主从式架构（Client-Server，C/S），这是一种软件结构模型，由客户端系统和服务器系统两部分组成，它们通过计算机网络进行通信或在同一台计算机上协作。主从式架构的应用程序是由客户端和服务器软件组成的分布式系统，但终究还是一个以服务器为中枢的中心化解决方案。

由于传统数据库建立在服务器上，因此，如果只有一个服务器，那就有可能造成所谓的单点故障：一旦此服务器不能运行，所有的客户端都不能与其通信，也就不能彼此通信。

从数据安全的角度看，所有的客户端必须依赖服务器，相信该服务器是可信任的且有足够的安全保障。

如果将法律法规写入区块链中，结合人工智能的不断学习，并通过参与者全体投票表决来纠正学习过程，未来的合同纠纷将大幅减少，执行程序将大幅简化。因为，违法者会直接在区块链中被执行资产处置，其违约行为也会被永久记录，这将大幅增加违约成本，减少违约行为，进而推动社会进步（见图 7-3）。

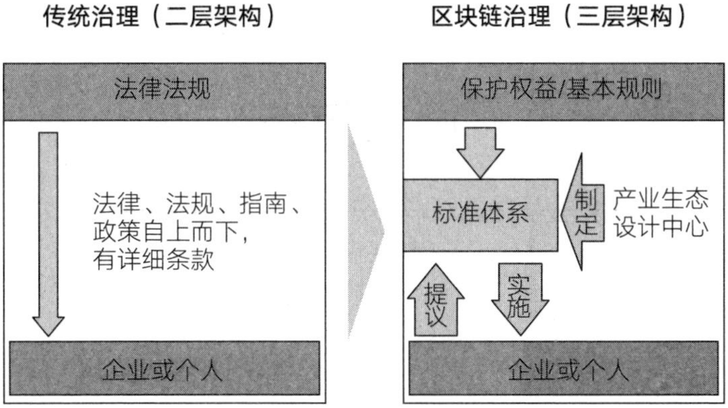

图 7-3 从他治到自治

如今，只有一个服务器的网络已经很少见了。在大多数情况下，网络中有很多冗余服务器，如果一个服务器崩溃或暂时不可用，则会有另一个服务器代为处理所有请求，但这只有在服务器之间已经互通数据的情况下才可行。

如果向服务器发送交易请求，数据将在给定时间内写入一个数据库，然后该数据库会将数据备份到其他数据库，但通常会有一些时延，还有可能出现传输数据不一致的情况。

数据库可以用于安全监控、信号提示、信息收集和授权等场景。许多数据库以数据库触发器的形式提供有效的数据库特性。在使用云数据库时，数据通常只对少数人来说很重要，所以实现数据库系统的安全性就足够了。

用户可以信任数据库所有者，因为法律等其他机制可以解决可能出现的问题。尽管数据库很强大，人们可以利用它实现几乎所有想要的功能，但区块链的以下特有功能，数据库是做不到的：

- **数据不可更改**。区块链本质上是一个去中心化分布式网络，数据在通过了共识机制验证后会被同时写入许多磁盘，更改历史数据变得非常困难，几乎不可能。

- **附加的数据安全**。在区块链中，只有在大多数节点同意的情况下，新区块才会被添加。因此，插入一些无效的或虚假的数据是不可能的。参与者必须严格遵守规则，更多的相互独立的节点共同确保规则的执行。

正因为具有以上特性，区块链作为一种通用型基础技术，正加速渗透至人类生产、生活的各个领域，与各行各业深度融合。当然，区块链由于天然需要在全局网络中达成共识，必然要以牺牲部分效率为代价，所以，在区块链系统的应用落地时，必然要考虑数据的传输、分布式网络的高速通信和大规模连接等方面的效率问题。

然而，随着 5G 时代的到来，这些问题都将不复存在。

部分小结　构建深度信任的 3 大武器

1. 以信任为根基的区块链

　　区块链的主要特性包括不可篡改、去中心化、共识机制和机密性。在区块链中，任何互不了解的人都可以加入一个公开透明的数据库。这个数据库包括了过去所有的交易记录、历史数据及其他相关信息，所有信息都以分布式进行存储并透明可查，且以密码学协议的方式保证其不被非法篡改。

2. 高效制定、精准执行、低维护成本的智能合约

　　智能合约在制定过程中，不必依赖第三方权威机构或中心化代理机构的参与，合约各方只需通过计算机技术手段，将共同约定的条款转化为自动化、数字化的协议，这大大减少了协议制定的中间环节，提高了协议制定的效率。

　　在智能合约的执行过程中，由于减少了人为的参与，因此，利益各方均无法干预合约的具体执行过程，计算机系统能够确保合约正确执行，这有效提高了合约执行的准确性。智能合约在实现过程中以计算机程序为载体，一旦部署成功，计算机系统就会按照约定监督、执行合约，极大地降低了人为监督与执行的成本。

3. 实时、稳定及正向的激励机制

在比特币的激励系统里，你的能力就是你的算力，如果你在某段时间的算力是某个区块链中的第一名，那么这段时间的奖励就一定是你的，没有任何人可以拿走你应得的那部分。而且它在短时间内就可以反馈一次结果，并且反馈相对稳定，以及每次反馈的结果都是正向的。

第二部分

5G 催生共享，
驱动新基建的规模创新

5G

+

BLOCKCHAIN

BT 和 eMule 下载这一类 P2P 分布式网络技术，使得每个人都可以上传和下载其他人在网络中分享的视频或者其他类型的文件，上传和下载的速率决定了这些数据传播的范围。区块链技术使得每个人都可以基于上传和下载的方式，参与到某个或者某些区块链系统之中，上传和下载的速率与稳定性决定了区块链系统的效率。

在 5G 时代，每个移动基站可支持至少 20 Gbps[①]的下载速率和 10 Gbps 的上传速率，同时，具有大规模连接的承载能力和超低时延的处理能力。

---

① Gbps: Gigabyte per second，意指网络数据传播速率为每秒 1GB。后文出现的 MB、KB 均为流量单位，其换算关系为：1GB=1 024 MB，1MB=1 024 KB。

08

从赫兹的实验发现到 5G

　　1887 年，德国青年物理学家亨利希·鲁道夫·赫兹（Heinrich Rudolf Hertz）通过实验揭示了电磁波的存在，为人类利用无线电波（射频频段的电磁波）开辟了无限广阔的前景。这就是通信技术的起源。为了纪念赫兹的伟大贡献，人们将国际单位制中频率的单位命名为"Hz"（赫兹）。

　　电磁波被应用于通信领域有其独特性和必然性。首先，电磁波是一种能量，存在产生和传递的过程，这与信息的发送与接收有极高的匹配性；其次，通常认为，光速是宇宙中速度的极限，而电磁波在真空中的传播速度就是光速，这使得电磁波能够最大限度地满足信息传输对速度的要求。所以，在理论和现实高度匹配的基础上，1986 年第一代移动通信系统在美国芝加哥诞生，也就是 1G 网络。图 8-1 展示了移动通信技术从 1G 出现至今的发展历程。

	1G （1986年—）	2G （1993年—）	3G （2001年—）	3.5G （2006年—）	3.9G （2010年—）	4G （2014年—）	5G （2020年—）
通信方式	各国标准各不相同（模拟信号）	PDC(日本) GSM(欧洲) CdmaOne(北美)	W-CDMA CDMA2000	HSPA EV-DO	LTE	LTE-Advanced	5G
速率	——	几Kbps	384 Kbps	14 Mbps	100 Mbps	1 Gbps	20 Gbps
主要服务	📞	✉	💻🎵	🎮	▶	▶	🦾🚗
主要对象	人						物

图 8-1　移动通信的发展历程

● 1G（语音通话）

1G 移动网络在 20 世纪 80 年代初投入使用，它具备语音通信能力和有限的数据传输能力（早期数据传输速度约为 2.4 Kbps）。1G 网络利用模拟信号，使用类似 AMPS（高级移动电话系统）和 TACS（全入网通信系统）等标准，在分布式基站（托管在基站塔上）网络之间传递蜂窝用户的信息。

● 2G（消息传递）

20 世纪 90 年代，2G 移动网络催生出第一批数字加密电信技术，提高了语音质量、数据安全性和数据容量，同时通过使用

（全球移动通信系统）标准的电路交换来提供有限的数据能力。20
世纪 90 年代末，2.5G 和 2.75G 技术分别使用 GPRS（通用无线
分组业务）和 EDGE（增强型数据速率 GSM 演进技术）标准提高
了数据传输速率（高达 200 Kbps）。后来，2G 在迭代的过程中将分
组交换技术引入了数据传输，为 3G 技术提供了进身之阶。

● **3G（多媒体、文本、互联网）**

　　20 世纪 90 年代末到 21 世纪初，通过完全过渡到数据分组交
换，具有更快数据传输速度的 3G 网络出现了，其中一些语音电路
交换已经是 2G 的标准，这使得数据流成为可能，并在 2003 年出
现了第一个商业 3G 服务，服务内容包括移动互联网接入、固定无
线接入和视频通话。3G 网络使用 UMTS（通用移动通信系统）和
WCDMA（宽带码分多址）等标准，将静止状态下的数据传输速度
提高到了 1 Gbps，在移动状态下速度也可达到 350 Kbps 以上。

● **4G（实时数据：车载导航，视频分享）**

　　2008 年推出的 4G 网络服务，充分利用全 IP 组网，并完全依
赖分组交换，数据传输速度达到 3G 的 10 倍。4G 网络的大带宽
优势和极快的网络速度提高了视频数据的质量，LTE（长期演进技
术）网络的普及则为移动设备和数据传输设定了通信标准。

　　每一代移动通信技术之所以能够实现相较于前一代更快的速
度、更低的时延和更稳定的传输，都是因为通过技术的演变和架

构的调整，提高了可用频段的带宽和已有频段的传输效率（见表 8-1）。

表 8-1　　　　　　　　　　　　5G 前的通信比较

	第一代移动通信 （1G）	第二代移动通信 （2G）	第三代移动通信 （3G）	第四代移动通信 （4G）
起始 时间	20 世纪 80 年代	20 世纪 90 年代	21 世纪初	21 世纪头 10 年
世界商 用时间	1978 年，美国贝尔实验室第一次开发出 AMPS	1989 年，欧洲以 GSM 为标准进入商业化应用	2001 年 10 月，日本运营商都科摩（NTT DoCoMo）最先开通了 WCDMA 服务	2010 年世界移动通信大会（MWC）将 LTE 作为业界关注焦点
中国商 用时间	1987 年，开始部署 1G 网络	1993 年，嘉兴 GSM 网正式成为我国第一个数字移动通信网	2009 年，工业和信息化部正式给三大运营商颁发 3G 牌照，我国进入 3G 时代	2013 年 12 月，工业和信息化部正式给三大运营商颁发 4G 牌照，我国进入 4G 时代
代表性 企业	摩托罗拉（大哥大）	诺基亚	苹果、三星等	苹果、三星、华为等
主要 特点	模拟信号传输、语音通话	数字信号传输、语音通话、短信服务、简单的低速数据传输服务	可同时传输声音和数据信息，提供高质量的多媒体业务	可快速传输数据、音频、视频和图像
缺点	语音品质低、信号不稳定、抗干扰性差	数据传输容量有限、通信加密程度较弱	用户容量有限，传输速率较低，传输标准不统一	全球使用频段过多，不支持物联网传输

从模拟通信到数字通信，从文字传输、图像传输到视频传输，移动通信技术极大地改变了人们的生活方式。前四代移动通信技

术只是专注于移动通信，而 5G 在此基础上还拓展了工业互联网和人工智能等众多应用场景。

● **5G（万物智联）**

面对复杂多变的应用环境，5G 不只是简单地升级了移动通信技术，还从整体上对基站建设和网络架构进行了创新性的改造。不同于过去 2G 到 4G 时代重点关注移动性和数据传输速率，5G 不仅要考虑增强宽带，还要考虑万物互联所需的大规模连接和超低时延，以及未来需求多样化、关键技术多样化、演进路径多样化等多个方面。

从 2009 年开始，华为就通过前瞻性布局启动 5G 相关技术的早期研究。经过 10 年的研发，第三代合作伙伴计划（3rd Generation Partnership Project，3GPP）完成 5G 的完整版本标准制定，并完成 IMT-2020（5G 的法定名称）标准的提交。2019 年 6 月 6 日，工业和信息化部向中国移动、中国联通、中国电信和中国广电发放了 5G 商用牌照，标志着 5G 时代正式到来，我国率先进入 5G 商用元年。

在对一系列频谱资源进行分配和识别方面，需要国际组织、区域电信组织和国家监管机构之间的协调，制定出全球统一频谱的标准，这是成功部署 5G 网络的前提之一。只有通过协调分配，才能最大限度地减少边界的无线电干扰、便于国际漫游通信并降低设备成本。

所以，全球统一频谱的总体协调也是国际电信联盟无线电通信部门（ITU-R）在世界无线电通信大会（WRC）进程中的主要目标。

5G 网络的高容量部署能力需要更多的频谱带宽，因而增加了对频谱的需求。目前，整个通信行业正在共同努力为 5G 频谱谋划发展路径，例如，国际电信联盟正在开展 5G 移动通信系统开发附加频谱的国际协调工作，国际电信联盟的电信标准化部门（ITU-T）在制定 5G 移动通信系统有线元件的技术和架构标准方面发挥着关键作用。

从历史来看，世界无线电通信大会大约每隔 8 年进行一次重大的移动通信频谱划分：1992 年，WRC-92 划分了 3G 核心频段，成为 3G 发展的基础；2000 年，WRC-2000 划分的 2.6 GHz 频段，是我国发放 4G 牌照的重要频段；2007 年，WRC-07 划分了 3.5 GHz 频段和数字红利频段，这些频段是当前全球 4G 发展的热点频段；2015 年，WRC-15 将 470 ～ 694 MHz、1 427 ～ 1 518 MHz、3 300 ～ 3 400 MHz、3 600 ～ 3 700 MHz、4 800 ～ 4 990 MHz 等 5G 发展的重要中频段资源划分给部分区域或国家的国际移动通信（IMT）使用。

2015 年无线电通信全会（RA-15）批准将"IMT-2020"作为 5G 的正式名称。至此，IMT-2020 与已有的 IMT-2000（3G）、IMT-A

（4G）组成新的 IMT 系列，这标志着在国际电信联盟《无线电规则》中现有标注给 IMT 系统使用的频段，均可考虑作为 5G 移动通信系统的中低频段（见图 8-2）。

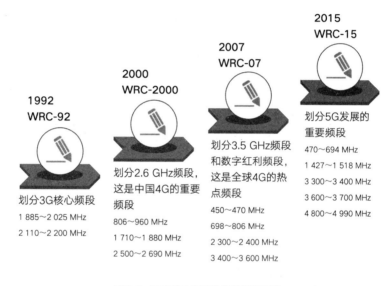

1992
WRC-92

划分3G核心频段

1 885～2 025 MHz

2 110～2 200 MHz

2000
WRC-2000

划分2.6 GHz频段，这是中国4G的重要频段

806～960 MHz

1 710～1 880 MHz

2 500～2 690 MHz

2007
WRC-07

划分3.5 GHz频段和数字红利频段，这是全球4G的热点频段

450～470 MHz

698～806 MHz

2 300～2 400 MHz

3 400～3 600 MHz

2015
WRC-15

划分5G发展的重要频段

470～694 MHz

1 427～1 518 MHz

3 300～3 400 MHz

3 600～3 700 MHz

4 800～4 990 MHz

图 8-2　国际移动通信的频谱划分历程

同时，为了积极应对未来移动通信数据流量的快速增长，WRC-15 上确定了 WRC-19 的 1.13 议题：根据第 238 决议（WRC-15），审议为 IMT 的未来发展确定频段，包括为作为主要业务的移动业务做出附加划分的可能性，并请国际电信联盟无线电通信部门开展研究，包括在 24.25 ～ 86 GHz 频率范围内开展 IMT 地

面部分的频谱需求研究，并在 8 个以移动业务为主要划分的频段
（24.25 ～ 27.5 GHz、37 ～ 40.5 GHz、42.5 ～ 43.5 GHz、45.5 ～
47 GHz、47.2 ～ 50.2 GHz、50.4 ～ 52.6 GHz、66 ～ 76 GHz 和
81 ～ 86 GHz）和 3 个尚未有移动业务划分的频段（31.8 ～ 33.4 GHz、
40.5 ～ 42.5 GHz 和 47 ～ 47.2 GHz）开展共存研究。

对该议题的研究具体包括三方面的内容：频谱需求预测研究、候选频段
研究以及系统间干扰共存分析。

- **频谱需求预测研究主要是分析新增频谱的必要性。**具体而言，
  该研究基于历史数据，综合未来发展过程中的各种影响因素，
  以及对移动通信数据增长的趋势预测，考虑特定技术系统的承
  载能力，分析未来频率需求问题，并给出不同阶段的所需频谱
  总量，作为新增频谱的基础。

- **候选频段研究是基于频谱需求的研究结论，选择并提出合适的
  目标频段。**这需要综合考虑业务划分情况、移动通信系统需
  求、设备器件制造能力等因素，初步选择合适的目标频段，各
  国、各标准化组织应立足于本国、本地区的频率使用现状，提
  出初步的候选频段。

- **系统间共存研究是主要评估所选目标频段的可用性。**主要根据
  所提候选频段的业务划分、系统规划和使用现状，并基于现

有业务或系统的技术特性、部署场景等因素，开展移动通信系统与现有或拟规划的其他系统之间兼容性的研究（毫米波频段主要以空间业务为主）。

在 WRC-15 之后的 WRC-19 第 1 次筹备组会议确定：国际电信联盟无线电通信部门负责该议题的研究组是 5G 毫米波特设工作组（简称为 TG5/1 工作组），负责兼容性共存分析，并形成 CPM 报告（世界无线电通信大会准备会会议文件），给出全球 5G 频率规划建议。同时会议进一步确定：由国际电信联盟无线电通信部门 5D 工作组完成 24.25 ～ 86 GHz 频段范围内 IMT 频谱需求预测、IMT 技术与操作特性参数研究；由国际电信联盟无线电通信部门 SG3 研究组负责共存研究所需要的传播模型；SG4、SG5、SG6、SG7 等研究组负责向 TG5/1 工作组提供相关频段上原有业务的参数及保护准则等内容。

从时间进度来看，TG5/1 工作组先后召开了 6 次国际研究及协调会议，并在 2018 年 9 月完成了相应的共存分析及 CPM 报告。其中一些关键时间点为：第 2 次会议之前为准备阶段，TG5/1 工作组等待接收来自其他研究组提供的用于开展兼容性共存分析的系统参数、传输模型等；之后的 5 次会议，根据各国及各研究组织提交的研究结果进行讨论、融合、提炼，形成最终的结论。

WRC-19 的 1.13 议题的主要目标是为 5G 寻找全球或区域协调一致的毫米波频段，这是全球开展 5G 毫米波研究的重要依托。因此，该议题的研究走向对全球 5G 频率规划有重要影响，多数国家或地区将根据该议题进展及结果开展规划。

从某种意义上说，一个国家或地区要引领全球 5G 频谱的发展走向，就需要依托 WRC-19 的 1.13 议题，通过议题研究将国家或区域观点全球化。对 WRC-19 来讲，这一进程目前正处于对 24 GHz 以上可获得大带宽的世界协调无线电频谱的大型毗连区块的 IMT 分配和识别达成共识的阶段，这些区块有大带宽可用。WRC-19 关于这一主题的决定是基于国际电信联盟对移动服务和现有其他服务在这些频带和相邻频带中的广泛共享能力和兼容性的研究。

除了国际电信联盟之外，第三代合作伙伴计划也是公认的全球移动通信标准化组织，且正在加速开展针对 5G 新无线系统频段（5G NewRadio，5GNR）的研究。

2016 年 3 月，第三代合作伙伴计划第 71 次无线接入网（Radio Access Network，RAN）全会上，通过了"Study on New Radio Access Technology"的研究课题，以研究面向 5G 的新无线系统接入技术——5GNR。目前，根据第三代合作伙伴计划的 5G 路标，基于部署需求的 5GNR 标准制定分为两个阶段：第一阶段的标准在 2018 年 6 月完成制定，以满足 2020 年之前的 5G 早期网络部署需求；第二阶段的标准版本需要考虑与第一阶段兼容，在 2019 年底完成制定，并作为正式的 5G 版本提交国际电信联盟无线电通信部门的 IMT-2020 推进组（见图 8-3）。

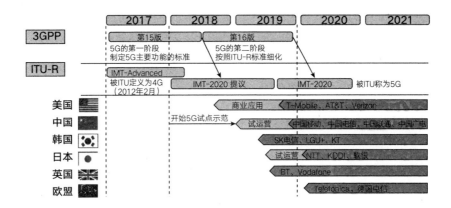

图 8-3　5G 标准的演进过程

在 5GNR 的研究课题阶段，第三代合作伙伴计划开展了关于 6 GHz 以上信道模型的研究（3GPP TR 38.900），并确定了 NR 的需求场景（3GPP TR 38.913），并基于此启动了 NR 技术方案评估，提出一系列 NR 接入技术方案以支持 Rel-15 标准制定。2017 年 3 月的第三代合作伙伴计划第 75 次无线接入网全会通过了 5GNR 接入技术的研究项目结题，并正式启动了 5GNR 接入技术的 Rel-15 标准制定工作，立项建议书中列出了拟定义的 NR 频段以及 NR 与 LTE 的双连接或 CA 的频段组合，且会根据需求持续更新。

一些发达国家的电信监管机构正在考虑将 700 MHz、3.4 GHz 和 24 GHz 频段用于 5G 的初始部署，以满足 5G 的覆盖范围和容量要求，接下来将考虑 24 GHz 以上 5G 频谱的许可和使用模式。全球移动通信系统协会（GSMA）期望 3.3 ～ 3.8 GHz 频谱能够成为许多最初 5G 业务的基础，特别是提供增强型移动宽带的业务，这是因为 3.4 ～ 3.6 GHz 几乎覆盖全球，因此能够很好地推动低成本设备所需的规模经济。此外，第三代合作伙伴计划目前正在开发的标准项目包括基于正交频分复用技术（Orthogonal Frequency Division Multiplexing，OFDM）的可扩展波形、支持更低时延和前向兼容的全新灵活框架以及利用高频频段的全新、先进的天线技术。

09

毫米级电波，
实现高效的传输速率

只有在高频段的支持下，5G 相关技术才能与终端间的短距离、高数据传输速率、低时延、低功耗的直接通信完美适配，还能够加强频率资源的空间复用性。因而，在更高效、更灵活地使用现有频谱的同时，为 5G 网络开发新频谱对其未来的发展至关重要。

在系统性能方面，5G 系统将具备 10 ～ 20 Gbps 的峰值速率、100 Mbps ～ 1 Gbps 的用户体验速率，相较于 4G 系统提升 3 ～ 5 倍的频谱效率、近百倍的能效，同时还具有 500 km/h 的移动性支持、1 ms 的时延、100 万 /km² 的连接数密度以及 10 Mbps/m² 的流量密度等关键性能指标。

基于上述关键性能指标的要求，为满足 5G 系统不同场景下的应用需求，支持多元化的业务应用，满足差异化用户需求，5G 系统的候选频段需要面向全频段布局，低频段和高频段统筹规划，以满足网络对容量、覆盖、性能等方面的要求。频谱资源是推动 5G 标准化与产业进程的关键因素，在寻找新的频谱资源的过程中，移动通信产业必然会受到来自其他行业的巨大阻力。如何平衡移动通信和卫星、国防、科研、广播等业务的发展，为 5G 未来的发展提供资源保障至关重要。

频谱可用性在 5G 发展过程中至关重要，在 5G 的开发、运营和推广中发挥着关键作用。当前各国普遍采用两种不同的方法为 5G 部署数百 MHz 带宽的新频谱以大幅提高性能。一种方法侧重于 6 GHz 以下中低频频谱部分（sub-6），主要在 3 ～ 4 GHz 频段，代表国家是中国。第二种方法侧重于 24 ～ 300 GHz 的高频频谱部分（mmWave），代表国家是美国。

6 GHz 以下中低频频谱可兼顾 5G 系统的覆盖与容量，面向增强型移动宽带（Enhanced Mobile Broadband，eMBB）、大规模连接（Massive Machine Type of Communications，mMTC）和超可靠低时延通信（Ultra-reliable Low-Latency Communications，uRLLC）三大应用场景构建 5G 基础移动通信网络。6 GHz 以上高频频谱主要用于实现 5G 网络的容量增强，以及面向增强型移动宽带场景实现热点极速体验。

5G 用例可能通过各种频谱频率来满足。例如，低频和短距离应用（适用于密集的城市区域）可能适用高频谱频率；远程、低带宽应用（更适合农村地区）可能适用低于 1 GHz 的频率。较低频率具有更好的传播特性，且可以获得更好的覆盖，而较高的频率可以支持较高的带宽，因为高频谱频带具有较大的频谱可用性。

具体来说，高频谱具有以下三个方面的优势：

- 首先，高频谱的短波长和窄光束特性为数据传输提供了更好的分辨率和安全性，并且可以以更小的时延和更快的速度传输大量数据。

- 其次，高频谱有更多的可用带宽，这可以提高数据传输速度并避免低频谱带中的拥堵，高频谱生态系统需要大量的基础设施，但可以获得以超过当前 4G 网络速度 20 倍的速度传输数据的好处。

- 最后，高频谱组件比用于较低频段的组件小，允许在无线设备上更紧凑地部署。

但高频谱技术也面临着一些挑战，主要在于传播距离受限制，且很容易被墙壁、树叶和人体等障碍物阻挡，这会造成很高的基础设施方面的成本，因为高频谱网络依赖于稠密的基站，以确保不间断的连接。

6 GHz 以下的中低频频谱可以提供广域网覆盖，与高频谱相比具有较低的中断风险，因为它具有更长的波长和更强的穿透障碍的能力。因此，与高频谱相比，它需要的成本支出和基站都更少。再加上可以利用现有 4G 基础设施的能力，使得 6 GHz 能更快地建立 5G 移动通信系统，可能成为推动基础设施和设备部署量的主导频段。

频谱作为无线通信的基础战略资源，对 5G 产业发展至关重要。为引导 5G 产业发展，抢占市场先机，从 2016 年开始，中国、美国、韩国、日本以及欧盟等全球主要国家或地区纷纷制定 5G 频谱政策。

● 美国实现 5G 高低频段频谱布局

美国联邦通信委员会（FCC）分别在高、中、低频段开放频谱资源用于 5G 技术，总结起来主要有三点。

首先，规划丰富的高频资源。2016 年 7 月 14 日，美国联邦通信委员会全票通过将 24 GHz 以上频谱用于无线宽带业务的政令，共规划 10.85 GHz 高频段频谱用于 5G 无线技术，包括 28 GHz（27.5 ～ 28.35 GHz）、37 GHz（37 ～ 38.6 GHz）、39 GHz（38.6 ～ 40 GHz）三个频段共 3.85 GHz 许可频谱以及 64 ～ 71 GHz 共 7 GHz 免许可频谱。2017 年 11 月 16 日，美国联邦通信委员会发布新的频谱规划，批准将 24.25 ～ 24.45 GHz、24.75 ～ 25.25 GHz 和 47.2 ～ 48.2 GHz 三个频段共 1 700 MHz 频谱资源用于发展 5G 业务。至此，美国联邦通信委员会共规划了 12.55 GHz 的毫米波频段的频谱资源。

其次，重视中频频段共享。2015 年 4 月，美国联邦通信委员会为公众无线宽带服务（CBRS）在 3.5 GHz 频段（3 550 ～ 3 700 MHz）提供 150 MHz 的频谱，建立了三层频谱接入服务器（Spectrum Access Server，SAS）监管模式并允许进行试验。SAS 在保护已有业务的基础上发挥市场机制，引入公众无线宽带服务。AT&T 已经正式向美国联邦通信委员会申请在 3.5 GHz 频段进行 5G 设备测试的特殊临时权限。

最后，释放低频资源。美国在 WRC-15 会议上通过添加脚注的方式标识了两阶段数字红利频段 470 ～ 698 MHz 为国际移动通信系统使用，并于 2017 年 4 月完成 600 MHz 频段的拍卖，国际移动电话运营商 T-Mobile 成最大赢家，并计划将该频段用于 5G 部署。

● 欧盟发布 5G 频谱战略，力争抢占 5G 部署先机

2016 年 11 月 10 日，欧盟无线频谱政策组发布欧洲 5G 频谱战略，明确提出，3 400 ～ 3 800 MHz 频段将作为 2020 年前欧洲 5G 部署的主要频段，1 GHz 以下频段，特别是 700 MHz 将用于 5G 广覆盖。在毫米波频段方面欧盟无线频谱政策组明确表示将 26 GHz 频段（24.25 ～ 27.5 GHz）作为欧洲 5G 高频段的初期部署频段。此外，欧盟将继续研究 32 GHz（31.8 ～ 33.4 GHz）、40 GHz（40.5 ～ 43.5 GHz）频段以及其他高频频段。

● 日本发布无线电政策报告，明确 5G 频谱范围

2016 年 7 月 15 日，日本总务省发布了面向 2020 年的无线电

政策报告，明确 5G 候选频段：低频包括 3 600 ～ 3 800 MHz 和 4 400 ～ 4 900 MHz，高频包括 27.5 ～ 29.5 GHz 频段和其他 WRC-19 研究的频段。对于 2020 年 5G 商用，日本主要聚焦在 3 600 ～ 3 800 MHz、4 400 ～ 4 900 MHz 和 27.5 ～ 29.5 GHz 频段。

● **韩国变更频段规划，明确 5G 频谱高低频段并重**

2016 年 11 月 7 日，韩国未来创造科学部（MSIP）宣布原计划为 4G 准备的 3.5 GHz 频段（3 400 ～ 3 700 MHz）频谱转成 5G 用途，2017 年回收已发放的 3.5 GHz 频谱，后续将其作为 5G 频谱重新发牌。2018 年韩国平昌冬季奥运会期间，韩国三大运营商分别在 26.5 ～ 29.5 GHz 频段部署了 5G 试验网络，展示其 5G 业务。

● **德国 5G 频谱规划涵盖高中低 4 个频段**

德国于 2017 年 7 月 13 日宣布了国家 5G 战略，发布更多 5G 频谱规划，具体涉及 4 个频段。2 GHz 频段，即 1 920 ～ 1 980 MHz 和 2 110 ～ 2 170 MHz 频段，这两个频段在德国主要用于 3G 业务，目前的许可将分别在 2020 年和 2025 年到期，到期回收以后，德国计划继续将其用于移动通信，作为 5G 的工作频段。3.4 ～ 3.8 GHz 频段用于移动通信；对于 700 MHz 频段，德国在 2015 年 6 月完成拍卖，之后把 738 ～ 753 MHz 频段作为补充下行链路（SDL）划分给 5G 使用。对于 26 GHz 频段和 28 GHz 频段，与欧盟不同，德国已经确定采用 28 GHz 频段作为 5G 频段，具体为 27.828 5 ～

28.444 5 GHz 频段和 28.948 5 ～ 29.452 5 GHz 频段，同时，德国也没有完全将 26 GHz 频段排除在外，而是继续将其作为研究频段。

● 英国发布 5G 频谱规划

英国通信管理局（OFCOM）在 2017 年 2 月发布的 5G 频谱规划报告中表示：英国将与欧盟无线频谱政策组一致，选择 700 MHz、3.4 ～ 3.8 GHz、24.25 ～ 27.5 GHz 作为高、中、低频段频谱。目前，英国已经完成了 3.4 ～ 3.6 GHz 频段的清理工作，并将开展 700 MHz 频段的清理工作。

● 中国明确 5G 部署的中频段资源

为适应和促进 5G 系统在我国的应用和发展，我国于 2017 年年底发布了 5G 系统在 3 000 ～ 5 000 MHz 频段内的频率使用规划，规划明确了 3 300 ～ 3 400 MHz（原则上限室内使用）、3 400 ～ 3 600 MHz 和 4 800 ～ 5 000 MHz 三个频段作为 5G 系统的工作频段，明确了 5G 部署的中频资源。

在高频段方面，我国主管机构也是依托 WRC-19 的 1.13 议题研究组和 IMT-2020 推进组等平台，开展了相关的工作：依托 WRC-19 的 1.13 议题平台，由频率主管机构牵头组织相关单位开展 24.75 ～ 27.5 GHz 及 37 ～ 42.5 GHz 频段上 5G 系统与其他业务的兼容性分析；2017 年 6 月，工业和信息化部就 24.75 ～ 27.5 GHz、37 ～ 42.5 GHz 或其他毫米波频段用于 5G 系统公开

　　征集意见；在 2017 年 7 月召开的亚太区域组织会议 APG19-2
上，我国阐述了在议题候选频段中优先研究 24.75 ～ 27.5 GHz 及
37 ～ 42.5 GHz 频段的观点；2017 年 7 月 3 日，工业和信息化部
新增 4.8 ～ 5 GHz、24.75 ～ 27.5 GHz 和 37 ～ 42.5 GHz 三个频
段用于我国 5G 技术研发。

　　整体来看，各国对 5G 的频谱构架的认知基本趋同：统筹高、中、低频
段的频谱资源。未来 5G 网络将是高低频谱协同组网。中频段主要指 C 频
段（3 400 ～ 3 800 MHz），将是全球 5G 部署的核心频段，是 5G 网络的主
要覆盖层与容量层；高频段 24.25 ～ 27.5 GHz、28 GHz 和 40 GHz 频段是
高频段方面的热点，是 5G 网络超大容量层，用于满足大容量、高速率的业
务需求；1 GHz 以下如 700 MHz、600 MHz 为 5G 网络的覆盖层，主要满足
广域和深度室内覆盖需求。

　　一直以来，移动通信主要是采用中频或者超高频进行的。随着 1G、
2G、3G、4G 的发展，移动通信使用的电波频率也越来越高（见表 9-1）。

表 9-1　　　　　　　　　　　**移动通信的电波频率越来越高**

	第一代移动通信 （1G）	**第二代移动通信 （2G）**	**第三代移动通信 （3G）**	**第四代移动通信 （4G）**
起始时间	20 世纪 80 年代	20 世纪 90 年代	21 世纪初	21 世纪头 10 年
使用频段	300 Hz ～ 3 400Hz	900 MHz ～ 1 800 MHz	1 880 MHz ～ 2 145 MHz	1 880 MHz ～ 2 665 MHz

移动通信如果使用了高频段，那么其传输距离将大幅缩短，覆盖能力也将大幅减弱。能否使用高频段频谱资源将是决定未来 5G 移动通信成败的关键。但是，在具体的战略方向上，应该把高频段作为低频段的有益补充：未来，仍将低频段用于提供大范围的覆盖，而将高频段用于城市人口密集区域的大容量、高数据率的无线移动宽带系统覆盖。在无线移动通信组网技术方面，未来无线移动通信网络的组网正朝着异构融合化、扁平化、密集化、混合化的方向演进，从而给高频段移动通信带来在无线组网技术方面的挑战。

- **在异构融合化方面，**未来移动通信网络多标准、多模、多频的异构融合组网给无线频谱资源的管理带来了挑战。如何通过高频段使异构网络并存且互补，并逐步实现融合，有待后续的深入研究。

- **在扁平化方面，**扁平化能够降低系统时延、网络部署以及维护的成本，无线移动接入网逐渐向扁平化架构发展。但是，扁平化也对骨干网的接入能力提出了更高的要求。因而，微波回传将成为实现基站互联互通、接入骨干网以及实现扁平化的重要措施，高频段也将为微波回传链路提供更优秀的解决方案。

- **在密集化方面，**随着各类移动智能终端的普及，未来的移动数据业务将主要分布在室内以及户外热点区域，这使得"超密集网络"组网将成为满足未来 5G 移动通信系统巨大流量增长需求的主要手段之一。而为了充分发挥其网络部署的灵活性和频率复用性高这两大关键特性，超密集网络组网需要配合高频段的大带宽来进行。

- **在混合化方面**，未来的 5G 移动通信网络必将是低频侧重覆盖、高频关注高性能与大容量的混合组网，高频段将在混合组网的无线频谱资源分布格局中发挥重要作用。

通过对比发现，欧盟聚焦于 5G 研发的 METIS-2020 项目中，高频段通信是重点研发方向之一。韩国也针对 6 GHz 以上频段（尤其是 13.4 ～ 14 GHz、18.1 ～ 18.6 GHz、27.0 ～ 29.5 GHz、38.0 ～ 39.5 GHz 频段）进行了大量研究与测试，并已在 28GHz 频段利用 64 副天线、采用自适应的波束成形技术，在 200m 的距离内实现了 1 Gbps 的峰值下载速率。日本都科摩、爱立信等移动通信公司也正在开展高频段移动通信的研究工作。而由中国开发的 LTE-Hi 技术使用的是更高的频段（目标频段主要在 3.4 ～ 3.8 GHz），具有小覆盖、密集组网、低功耗、低成本等显著特点，可应用于 4G-LTE 小基站，实现对热点区域及室内的大容量、高速率覆盖。

对于更高频段的未来无线移动通信，中国已立项的国家高技术研究发展计划（863 计划）中的"高频段无线通信基础技术研究开发与示范系统"、国家重点基础研究发展计划（973 计划）中的"硅基毫米波亚毫米波集成电路与系统的基础研究"，主要研究的是高频段移动通信的关键技术、器件实现、原型系统等。此外，中国的 IMT-2020 推进组正在研究高频段关键技术、

潜在候选频段等。2013 年，中国率先在全球将 40 ～ 50 GHz 频段规划用于
无线宽带接入系统和点到点的无线传输系统。目前，欧洲将 40 ～ 50 GHz
频段、日本将 59 ～ 66 GHz 频段、澳大利亚将 59.4 ～ 62.9 GHz 频段、美
国将 57 ～ 64 GHz 频段规划用于无线局域网（WLAN）业务（10 米以内短
距离的高速率传输网络体系）。

显然，频率越高，能使用的频率资源越丰富，能实现的传输速率也就越
高。然而，4G 数据传输能力无法满足当前的需求，而 5G 的升级将通过使
用毫米波和 6 GHz 以下中低频频段或两者混用的方式组网，来解决速度低
和衰减的问题。当然，同一个区域所需的 5G 基站数量，也将远远超过 4G。

由于早期的移动通信主要提供语音通话与短消息数据服务，低频段就已
经具有足够的频谱资源，而且在低频段，天线、射频器件等相关设备的实现
复杂度较小。截至目前，包括 2G、3G、4G、无线局域网在内的几乎所有
的移动通信网络均运行于 3 GHz 频点之下的低频段。

而对于未来的 5G 移动通信系统，移动数据流量将会"暴增"，就不能
再依赖于各个低频段无线传输及组网技术的演进，需要开发更多的无线频谱
资源，而目前已经很难在低频段找到可用且连续的宽带频谱资源，业界正在
考虑采用更高的频段——包括高于 10 GHz 频点的频段。在 10 GHz 频点以
上的频段，具有大量潜在可用的物理频谱资源，更为重要的是，这些频谱很
多都是连续的，从而可以使未来的无线移动宽带系统获得非常宽（高达几百
MHz）的传输带宽，可以使系统有效地支持多个数据传输速率在 Gbps 级

别的数据传输服务。然而，具体选用高频段中的哪些频段，需要进行大量
的理论研究与实验论证。

在高频段的具体选择方面，难度很大，虽然 6 ～ 275 GHz 频段有充足
的无线频率资源储备，但仍需统筹规划。在充分满足各行业无线电业务的频
率需求的大前提下，寻找可用于移动通信的高频段，还要综合考虑以下几个
方面：

- **合法性：**确保所选频段是移动通信行业可用的频段。

- **安全性：**目前，高频段主要划分给固定业务、无线定位业务、
  无线电导航业务、卫星固定通信业务以及卫星电视广播业务
  等使用，具体包括数字微波接力系统、航海及空中管制等雷
  达系统以及卫星通信等重要系统。移动通信系统在高频段选
  择新频率需要充分考虑到各个系统间的电磁兼容问题，以最
  大限度地保证对其他系统的保护和移动通信系统自身的抗干
  扰能力。

- **有效性：**结合高频段无线电的射频传播特性，选择适合的频
  段，确保系统的有效设计。

- **连续性：**所选的高频段要具有连续的大宽带频谱资源和易于实
  现性。

传统上，高频段往往用于点对点传输的大功率通信系统，如卫星通信系统、微波通信系统等。

3 ～ 30 GHz 的频段处于厘米波段，而 30 ～ 300 GHz 的频段处于毫米波段（见图 9-1）。

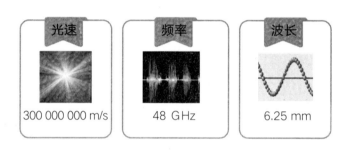

图 9-1 毫米波

毫米波在 30 ～ 300 GHz 的高频中工作，毫米波之所以具有这么大的吸引力有很多原因。我们在前文已经进行过详细论述，其主要原因在于：处于毫米波段的高频谱具有三个方面的优势。然而，毫米波在拥有诸多好处的同时也面临着各种挑战。虽然毫米波短波长和窄光束的特性可以提高分辨率和传输安全性，但这也限制了其传播距离。高频段的主要劣势是无线路径损耗比低频段更大，穿透性也不如低频段，因而毫米波网络需要遍布在基站覆盖的整个区域中，并保持不间断的连接，这样就会产生很高的基础设施建设的成本。同时，毫米波很容易被建筑物内部墙体或其他物体阻挡，无线路径损耗会进一步增大，这进一步加剧了毫米波所面临的挑战。

10

微型化的基站，
5G 性能提升的关键技术

移动通信的本质就是实现信息的传输，其基本原理是：首先将语音、文本、图像、视频等内容进行编码，由光模块、基带芯片等将这些内容转换成光波信号，然后通过射频或天线等基站核心器件发射出去，再经由光纤或光缆等传输介质接入核心网络，实现超长距离传输，最终在接收端解码还原成最初的信息，呈现给接收者。

在通信过程中，既要满足高数据传输速率、大带宽、低时延等需求，又要保证海量数据能转换成光波传输且传输过程中信号不丢失、互不干扰，最终准确送达接收者，这些环节都需要以大量专业移动通信技术和基础设施作为保障。移动通信的发展就是围绕着这些环节不断地做软件和硬件的升级迭代，每一次升级都会使移动通信的功能和性能得到进一步提升。

更高频段（至少30 GHz）可以应用于非视距传输环境下的无线移动宽带通信网络接入，但是通信距离仅在 100 ～ 200m 之间。目前，30 GHz 频点之上的更高频段在超密集基站部署中的应用也处于研究之中。

5G 基站在无线侧通过硬件和软件技术的大幅提升，加上大量新技术的加持，可以契合不同应用场景对网络性能需求，但在传输侧，由于硬件技术升级空间有限，只能通过网络结构的优化来满足 5G 时代新应用对网络性能的要求（见图 10-1）。

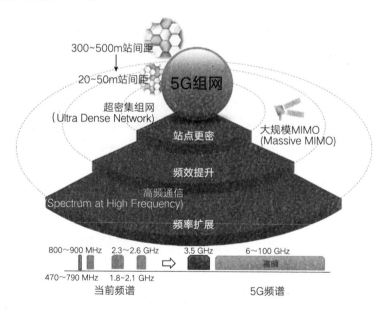

图 10-1 5G 性能提升的关键技术

① 非视距通信，是指接收机与发射机之间是非直接的点对点的通信。简单来说，就是通信的两点视线受阻，彼此看不到对方的通信方式。——编者注

超密集组网（UDN）将是满足 5G 及未来移动数据流量需求的主要技术手段。超密集组网通过更加"密集化"的无线网络基础设施部署，可获得更高的频率复用效率，从而在局部热点区域实现百倍量级的系统容量提升。

然而，随着站点密度的增加，用户将受到多个密集邻区的同频干扰，且移动时切换过于频繁，导致用户体验急剧下降。Pre5G-UDN 解决方案，可以化多个基站的干扰为有用信号，且服务集合随用户的移动不断更新，实现小区虚拟化，使用户始终处于小区中心的位置，达到一致性的用户体验。目前，干扰管理与抑制、小区虚拟化技术和小区动态调整等是 Pre5G-UDN 阶段的重要研究方向。

在未来，超高清、3D 和浸入式视频的流行会使得数据流量大幅提升。大量个人数据和办公数据存储在云端，海量实时的数据交互需要可以媲美光纤的数据传输速率。复杂多样的场景下的通信体验要求越来越高，为了满足用户能在大型（露天）集会，如演唱会这种超密集场景下获得一致的业务体验，5G 无线网络需要支持比 4G 网络大 1 000 倍的容量增益，以及上千亿类似这种高容量热点的场景。超密集组网通

超密集组网
Ultra Dense Network

将是满足 5G 及未来移动数据流量需求的主要技术手段。超密集组网通过更加"密集化"的无线网络基础设施部署，可获得更高的频率复用效率，从而在局部热点区域实现百倍量级的系统容量提升。

过增加基站部署密度，可以实现系统频率复用效率和网络容量的巨大提升，
将成为热点高容量场景的关键解决方案（见图 10-2）。

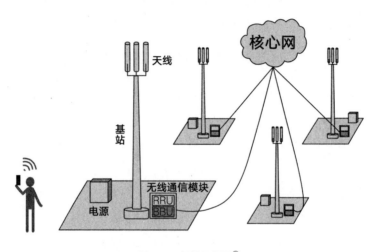

图 10-2　基站示意图[①]

　　大多数室外 4G 移动网络部署目前都基于宏小区[②]，然而，覆盖在大地理
区域上的宏小区将难以提供一些 5G 应用所需的密集覆盖、低时延和高带宽
等网络条件。

---

① BBU，Building Baseband Unit：室内基带处理单元，是 3G 网络大量使用的分布式基站架构。
RRU，Remote Radio Unit：远端射频模块，它将数字基带信号转换成高频信号，并将其送到天
线。——编者注

② 在蜂窝式移动电话的建网初期，采用蜂窝技术的小区被称为"宏蜂窝"小区，简称"宏小区"。
宏小区是面积很大的区域，基站发射天线通常架设在此区域内较高的建筑物上方。——编者注

为了解决这个问题，电信运营商正在通过部署微型基站构建其密集化的 4G 无线接入网络，特别是在一些人口稠密的城市地区。虽然微型基站服务的地理范围比广域基站小得多，但却增加了网络覆盖范围和容量，并且提高了服务质量（见图 10-3）。

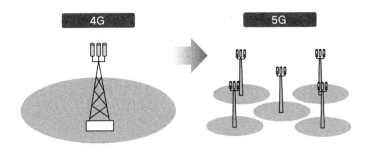

图 10-3　微型基站示意图

微型基站无须额外的频谱就能提高网络容量，因此对于低频谱容量或频谱稀缺的运营商具有很大的吸引力。此外，在密集的城市区域部署微型基站可以提高 4G 网络质量，并能支持 5G 网络和满足早期增强型移动宽带服务可预期的高容量需求。

由于微型基站需要十分密集的覆盖，因此有一些电信运营商在研究将其安装在公交站台、路灯、交通信号灯等公共设施上的方法，用一个街道柜容纳操作员的无线电设备、电源和现场连接所需的其他设备。

11

大规模的天线，
实现 5 ～ 10 倍效率的提升

　　在无线传输技术方面，高频段移动通信一直面临着一些挑战，想要减轻移动通信物理层面的挑战，需要更多新技术和新设计。作为未来移动通信核心传输技术之一的大规模 MIMO 技术有望弥补高频段的无线路径损耗，抑制干扰，极大地提升无线频谱效率，使高频通信最终成为现实。

　　大规模 MIMO 技术提高了频谱效率，并与密集的微型基站部署相结合，将帮助电信运营商满足大量用户对于 5G 的挑战性容量需求。5G 通信速率之所以要比 4G 高很多，主要秘密武器就是大规模 MIMO 技术。

　　4G 以及之前的 1G、2G 和 3G，天线大多是细长的，5G 一改从前，变身为长方形或正方形的天线阵列，天线板介于基站与移动通信终端之间，用于实现高速数据传输，其内部最多可等间隔排列 100 多个天线，也就是大规模 MIMO 天线（见图 11-1）。

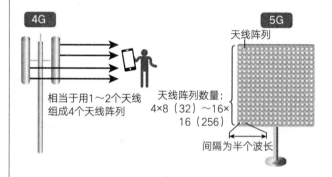

图 11-1　大规模 MIMO 天线示意图

MIMO

Multiple-Input Multiple-Output

就是"多进多出"，多根天线发送，多根天线接收。大规模 MIMO 天线是一种天线阵列，它将极大地扩展设备连接数和数据吞吐量，将使基站能够容纳更多用户的信号，并显著提高网络的容量（假设存在多个用户射频路径）。大规模 MIMO 代表着多输入、多输出，意味着可扩展至数百甚至数千个天线，支持波束成形以提高数据传输速率，这对于高效的电力传输至关重要。

4G 时代就已经有 MIMO 技术了，但是那时天线数量并不算多，只能说是初级的 MIMO 技术。MIMO 是基站和终端之间通过多个天线，实现高速通信的技术。多个天线发射相同内容的电波，终端接收之后再进行合成。采用大规模天线，一方面可以准确发送波形复杂的电波，另一方面可以减少信号在传输过程中的衰减，避免障碍物的阻隔或者电波干扰的影响。

可以说，5G 时代，人们继续把 MIMO 技术发扬光大，将天线数量扩充了十多倍，创造出了加强版的大规模 MIMO 天线。

目前，无线移动通信系统中的信号基带处理技术已经相当成熟，加上先进的信道编码、差错控制以及信道调制等技术，当前的移动通信系统性能已经逼近香农定律的极限，所以，单纯地通过基带处理技术很难再大幅地提升移动通信网络的性能。

从 1996 年开始，全球移动通信业界掀起了对 MIMO 技术研究与应用的热潮。MIMO 是一种可以在不增加无线频谱的前提下提高无线移动接入链路频谱效率、提高链路可靠性并增大系统容量的著名技术，通常要在信号发射端与接收端部署多个天线，而且基站发射天线的数量要高于终端接收天线的数量。基站的多组天线可以采用相同的时间以及频率资源来同时为多个移动通信终端用户提供接入服务，通过对空间的复用，能够显著地提升系统容量（见图 11-2）。

大规模 MIMO 技术是未来 5G 移动通信的重要备选技术，具有上述在系统设计与工程部署方面的众多关键技术性问题。为此，第三代合作伙伴计划（3GPP）已在分阶段地展开大规模 MIMO 关键技术的演进和标准化研究工作，目前已完成了第一阶段的三维信道模型标准化工作，为后续的3D-MIMO 技术和大规模 MIMO 技术的研究工作奠定了基础。

目前，3GPP 正在进行第二阶段，即 3D-MIMO 技术的标准化的研究，已经开始准备关于 3D-MIMO 技术的研究立项（如 16 个、32 个、64 个天线端口数）、设计方案以及性能评估。

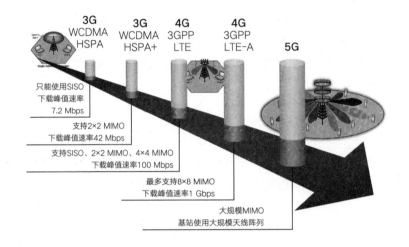

图 11-2　大规模天线技术的发展历程

注：SISO，Simple-Inpuit Simple-Output，就是"单进单出"，这是一种与 MIMO 相对的技术。

而在后续的第三阶段，3GPP 将对大规模 MIMO 技术进行标准化，目标是在已经标准化的 3D-MIMO 技术的基础上进一步增加基站侧的天线数目（比如增加至 128 副和 256 副），实现 10 个或更多用户的多用户 MIMO 传输。

此外，MIMO 技术效用的正常发挥，依赖于系统实时预先感知基站发射端天线与移动通信终端接收天线之间的无线信道的状态及状态的变化，因此，就需要采取适当的预编码技术来降低甚至消除传输给不同终端用户的信号之间的相互干扰。在目前已获得大规模商用的 4G 移动通信标准中，就包括了 MIMO 技术，MIMO 技术又包括单用户 MIMO 以及多用户 MIMO 技术，这是 4G 区别于 2G 与 3G 的重要特点之一，因为它突破了传统单天线信道的容量极限，有效提高了系统的频谱效率。

第三代合作伙伴计划的 4G LTE 技术规范 R8 版本所定义的 MIMO 技术，支持下载信道的 4 天线 4 层发送以及上传方向的单天线发送，具体包括发射分集、开环空分复用、闭环空分复用、波束成形等技术。而在后续的 R9 版本中，MIMO 技术在下载方向引入了双流波束成形技术。R10 版本对 MIMO 技术进一步加强：最多可支持下载信道 8 天线 8 层发送以及上传信道 4 天线 4 层发送，在此情况下，下载信道的峰值频谱效率可提高至 30 bit/ $(s \cdot Hz)$，上传信道的峰值频谱效率可提高至 15 bit/ $(s \cdot Hz)$。

目前，空间资源日益受限，天线安装难度也越来越大，因此在 MIMO 技术实际的工程部署方面，由于涉及移动通信基础网络运营商层面的工程改造，就需要解决移动通信系统增益和多天线的体积及重量问题，第三代合作伙伴计划在制定 LTE 标准的过程中也考虑到了相关问题。全球主流的移动通信基础网络运营商共同向第三代合作伙伴计划提交了关于天线形态的建议：分为 "小间距"（天线间距为对应频段波长的 0.5 倍）与 "大间距"（天线间距为对应频段波长的 4 ~ 10 倍）两种。

由于天线尺寸的限制，目前已商用的 4G 移动通信系统的下载波束成形和上传的分集接收天线数都被限制为最多 8 个。在多用户 MIMO 技术理念的基础之上，大规模 MIMO 技术在移动通信基站侧大量地增加了天线的数量，使其远远多于在相同的时间及频率资源内提供接入服务的终端用户数，从而获得更高的效益。

比如，相关实验结果表明，如果基站侧成百上千的天线同时为数量极少的用户提供无线移动宽带接入服务，无线频谱效率就可以提高 5 ～ 10 倍，而且即使在小区的边缘，系统也能维持很高的数据吞吐量。

但是，大规模 MIMO 技术的发展尚具有一定的不确定性，因为可用于未来 5G 移动通信系统的具体频段还未被明确，所以大规模 MIMO 技术应用场景与天线数目就难以明确。具体而言，对于天线数目方面的不确定性，假设未来的天线尺寸与目前所用的相当，那么，移动通信系统的工作频段越高，可增加的天线数就将会越多；而对于部署于低频段的移动通信系统，由于频段波长大，所以可能需要通过使用传统天线原有的振子数来解决大规模 MIMO 技术的部署难题。

12

灵活弹性的组网架构，
深度共享的基础

不同的 5G 应用场景对网络性能的要求有显著差异。为控制成本，电信运营商必然希望以最少的资本投入，满足最丰富的网络功能需求（见图 12-1）。

支持各种差异化场景

支持面向客户的业务模式

支持业务快速建立和修改

支持更高性能

图 12-1　5G 组网的三大特点与四大功能

随着电信运营商机房智能化改造的趋势，网络切片技术作为 5G 网络架构中核心的一环，致力于解决 5G 网络对于低时延、大带宽、海量物联的硬性要求，正在成为各大运营商与行业相关企业抢占 5G 发展快车道、把握未来全新业务形态、开拓更多应用场景的关键。

端到端的灵活性将是 5G 网络的特征之一，这种灵活性在很大程度上源于网络软件化的引入，其中核心网络硬件和软件功能是分开的。

网络软件化是指通过网络功能虚拟化（Network Functions Virtualization，NFV）、软件定义网络（Software Defined Network，SDN）和云无线接入网（Cloud-RAN，C-RAN）等技术，基于网络切片技术，提高创新和移动网络转型的速度。

- **NFV：** 替换专用设备（如路由器、负载平衡器和防火墙）上的网络功能，虚拟化实例在商用现成硬件上运行，从而降低网络更改和升级的成本。

- **SDN：** 允许实时动态重新配置网络元素，使 5G 网络能够通过软件而非硬件进行控制，从而提高网络弹性、性能和服务质量。

- **C-RAN：** 一种关键的颠覆性技术，对实现 5G 网络至关重要。它是一种使用虚拟化技术与集中处理单元相结合的基于云的无线网络架构，可取代移动基站的分布式信号处理单元，从而降低部署基于微型基站的密集移动网络的成本。

网络切片技术允许将物理网络分成多个虚拟网络（逻辑段），这些网络可以支持不同的无线接入网或某些客户群的多种类型的服务，从而通过更有效地使用通信信道大大降低网络建设成本。

一方面，不同应用场景需要不同的网络功能组合，因而可以将网络分成不同的网络切片；另一方面，对于高带宽、低时延业务，需要在网络边缘执行，生成边缘网络切片可以满足此类需求（见图 12-2）。

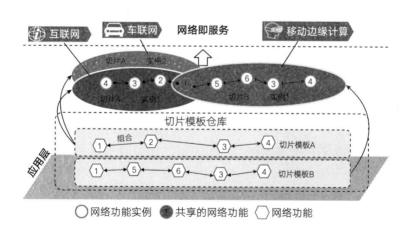

图 12-2　网络切片的链状构成

5G 网络通过网络切片技术可以提供适用于各种人工智能和工业互联网场景的解决方案，实现实时高效和低能耗的应用需求，同时简化部署。

首先，利用网络切片技术保证按需分配网络资源，以满足不同制造场景下对时延、移动性、网络覆盖、连接密度和连接成本等的不同需求，这对 5G 网络的灵活配置，尤其是对网络资源的合理快速分配及再分配提出了更严苛的要求。

作为 5G 网络最重要的特性，基于多种新技术组合的端到端的网络切片技术，可以将所需的网络资源灵活动态地在全网中向不同的需求主体进行分配及能力释放；根据服务管理者提供的蓝图和输入参数，创建网络切片，使其提供特定的网络特性，比如极低的时延、极高的可靠性、极大的带宽等，以满足不同应用场景对网络的要求。例如，在智能工厂中，为满足工厂内的关键事务处理要求，创建关键事务切片，以提供低时延、高可靠的网络。

在创建网络切片的过程中，需要调度基础设施中的资源，包括接入资源、传输资源和云计算资源等，而其他基础设施资源也都有各自的管理功能。根据客户不同的需求，通过网络切片管理，为客户提供共享的或者隔离的基础设施资源。由于各种资源的相互独立性，网络切片管理也在不同资源之间进行协同管理。

除了关键事务切片，5G 还额外创建了移动宽带切片和大连接切片。不同切片在网络切片管理系统的调度下，共享同一基础设施，但又互不干扰，保持各自业务的独立性。

其次，5G 能够优化网络连接，采取本地流量分流，以满足低时延的要求。每个切片针对业务需求的优化，不仅体现为网络功能特性的不同，还体现在部署方案的灵活性上。切片内部的网络功能模块部署非常灵活，可按照业务需求分别部署于多个分布式数据中心。

此外，5G 网络采用分布式云计算技术，以灵活的方式在本地数据中心或集中数据中心部署基于网络功能虚拟化技术的工业应用和关键网络功能。5G 网络的高带宽和低时延特性，使智能处理能力通过迁移到云端而大幅提升，为进一步的智能化铺平了道路。

13

5G 的三大商业应用场景

2015 年国际电信联盟无线电通信部门定义了 5G 的三大典型应用场景：增强型移动宽带（eMBB）、超可靠低时延通信（uRLLC）和大规模连接（mMTC）。

从移动网络到大带宽

增强型移动宽带主要面向增强现实／虚拟现实（AR／VR）、在线 4K 视频等高带宽需求业务；超可靠低时延通信主要面向车联网、无人驾驶、无人机等时延敏感的业务；大规模连接主要面向智慧城市、智能交通等高连接密度需求的业务（见图 13-1）。

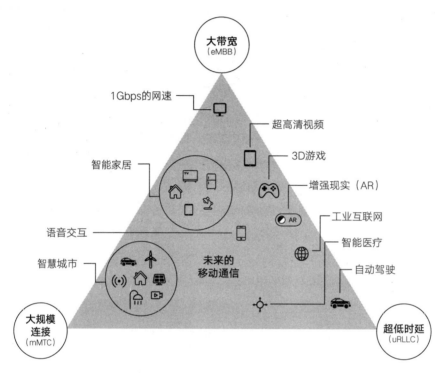

图 13-1   国际电信联盟定义的 5G 三大应用场景

资料来源：国际电信联盟。

增强型移动宽带，简单来讲，就是指"大带宽"，是以人为中心的应用场景，主要特点为：超高的数据传输速率、广覆盖下的移动性保证等。未来几年，用户数据流量将持续呈现爆发式增长（年均增长率高达 47%），业务形态也以视频为主（占比达 78%）。在 5G 的支持下，用户可以轻松享受在线 4K/8K 视频以及 AR/VR 技术服务，用户体验数据传输速率可提升

至 1 Gbps（4G 最高为 10 Mbps），峰值速率甚至可
以达到 10 Gbps。

　　从某种意义上讲，增强型移动宽带场景其实就是
目前 4G 移动通信技术的升级版本，只不过增强型移
动宽带技术在 4G 移动通信的基础上进一步提高了流
量以及带宽处理能力，进而支持更高更快的内容传输
处理需要，其主要应用场景包括 4K、8K 视频业务，
语音、图像、文字处理，移动 APP 数据等面向消费
端的业务。

　　蒸汽机的出现，让工厂和作坊摆脱了过去对资源
地的严重依赖，让动力和生产能力供给变得自由而独
立，可以出现在人们需要的地方；电力的出现，让
人类获得了精准可控的能源供给，电灯照亮了整个
世界，让人们可以随时进行劳动而不管黑夜与白昼；
5G 的出现和普及，会让虚拟和现实在时间维度上同
步，让人类世界彻底进入混合现实的状态，一个四次
元的世界。

　　5G 在带来更好的数据应用体验的同时，也会促
进交互方式的再次升级。在信息娱乐方面，5G 将推
动视频、游戏等应用向超高清、3D 和沉浸式体验方

> **增强型移动宽带**
> Enhanced Mobile
> Broadband
> 简单来讲，就是指
> "大带宽"，是以人
> 为中心的应用场景，
> 主要特点为：超高
> 的数据传输速率、
> 广覆盖下的移动性
> 保证等。

向发展，成为 8K 超高清视频等新应用不可或缺的网络支撑。尤其是超清视频业务将会得到快速发展，目前，整个互联网的流量大多属于视频流量，超清视频的应用将会给电信运营商带来巨额收入，因此这也是目前各大电信运营商争夺的热点之一。在学习方面，人们将能够通过 AR/VR 技术进入虚拟教室，通过头戴式设备沉浸式参与自己喜欢的课程，并与课堂上的老师和同学进行全景式交流。可以预见，在 5G 时代，AR/VR 技术将会成为主流科技。以往，因为缺乏高速度网络技术的支撑，AR/VR 技术有严重的时延，给用户带来了眩晕等不适的体验，而在 5G 技术解决了速率低与时延高的问题后，AR/VR 技术将会突破瓶颈，取得质的飞跃，因而有着广阔的市场前景。

> 5G 将在多个层面上颠覆媒体和娱乐，包括移动媒体、移动广告、家庭宽带和电视。由于 5G 的低时延，流媒体不太可能停止或卡顿。在 5G 网络上，下载一部电影的平均时长将从几分钟下降到几秒以内。在浏览社交媒体、玩网络游戏、听流媒体音乐以及下载电影和节目方面，5G 平均每月能够为人们节省 23 小时的加载时间。根据世界电信产业界富有权威性的中立咨询顾问公司 Ovum 的一项研究，未来 10 年，全球媒体行业通过 5G 技术实现的新服务和应用累计将获得惊人的 765 亿美元收入，互联网 4.0 时代也将由 5G 开启（见图 13-2）。

在互联网时代，虽然有了网络空间，但网络空间和现实空间是相互独立的。上网意味着进入另外一个时空，而下线则是重新回归现实。4G 助力了移动互联网的兴起。在移动互联网时代，虚拟和现实得以充分融合，但是，目前虚拟和现实仍不能做到同步。虽然 AR/VR 技术可以方便地帮我们构建出一种纯虚拟的环境，但这种环境跟我们的现实世界还是相互分离的。

图 13-2　5G 开启互联网 4.0 时代

注：DARPA 指美国国防部高级研究计划局；Mosaic 浏览器是互联网历史上第一个得到普遍使用且能够显示图片的网页浏览器。

这种分离表现在：虽然我们能进入用虚拟现实技术创建的空间，但受限于网络传输的速度，难以避免非常明显的时延，所以无法创造真正的全息投射。虚拟的终究还是虚拟的，我们很容易区分虚拟和现实。

到了 5G 时代，在大带宽加持下的高速网络环境中，虚拟和现实就不那么容易区分了。虚拟的会被我们当成现实的，同样我们也可能会把现实的理解为虚拟的，或者人类将不再需要去区分这两者了，因为它们之间似乎也没有什么感官上的区别。

人类体验将不再受到时间和空间的限制。比如，未必一定要去动物园才可以跟小动物玩耍，未必只有去迪士尼乐园才能坐过山车，未必只有去学校才可以学习，未必只有去医院才能看病……如果说 4G 实现了永远在线，那么 5G 将实现永远在场。

从低时延到超低时延

> **超可靠低时延通信**
> **Ultra-reliable Low Latency Communications**
> 简单来讲，就是指"超低时延通信"。在未来的应用场景中，通信时延要达到 1 ms 级别，而且要支持高速移动（500 km/h）情况下的高可靠性（99.999%）连接。

5G 的魅力在于它通过增强型移动宽带技术成为 4G 通信升级版的同时，还引入了另外两大场景：面向大连接物联网的 mMTC 以及面向低时延超高速网络的 uRLLC。因此，5G 与前几代移动通信技术之间有根本性的区别，前几代网络致力于为消费者（包括企业用户）提升用户体验，而 5G 则瞄准产业应用，将前所未有地支持更广泛的场景。

超可靠低时延通信，简单来讲，就是指超低时延通信。在未来的应用场景中，通信时延要达到 1 ms 级别，而且要支持高速移动（500 km/h）情况下的高可靠性（99.999%）连接。这一场景更多面向车联网、工业控制、远程医疗等行业应用。

超可靠低时延通信技术主要是针对自动驾驶、远程医疗手术等对数据传输速率以及反映灵敏性要求比较高的领域而设定的。比如，对于高速行驶的自动驾驶汽车，系统必须能快速地识别、处理信息，并做出正确判断，避免车祸等问题的发生；又如在医疗领域，如果手术机器人控制灵敏度不够高，就容易导致患者伤口扩大或者无法愈合，那么将难以实现高精度的微创手术治疗。这些场景对数据传输以及处理能力的要求比其他领域更加苛刻，以上种种情况最终导致了超可靠低时延通信这项通信技术的诞生。

5G 作为新的网络基础设施，不单为人服务，还为物服务、为社会服务。5G 的连接能力，从金融服务到医疗再到零售，最终将推动万物智能互联，在高速率、低时延、大带宽三大特性的推动下，将会为万物互联的发展装上高速助推器，工业互联网也将因此得到突飞猛进的发展，而无线高速传输则会给人工智能产业带来无限的商机。

总体来看，无论是家居生活、农林养殖和建筑业，还是医疗、教育、工厂或者救灾抢险，5G 将从四个方面赋予人们巨大的改变——轻松感、存在感、灵敏度、智力度。

医疗系统需要更快、更高效的网络来处理大量的数据，从详细的患者信息到临床研究，再到高分辨率的磁共振成像（MRI）和计算机断层扫描（CT）图像。通过将5G技术引入医疗行业，将有效满足如远程医疗过程中低时延、高清画质和高可靠高稳定等要求，进而推动远程医疗应用的快速普及，实现对患者（特别是边远地区的患者）进行远距离诊断、治疗和咨询。

5G可以使用远程监控设备（如可穿戴技术）将患者的健康数据实时发送给医生；远程机器人手术也可以利用5G低时延和高吞吐量通信的特点，通过5G传输高清图像流，促进远程手术的精准实现。

2017年6月，中国信息通信研究院发布的《5G经济社会影响白皮书》预计，到2030年，中国远程医疗行业中5G相关投入（通信设备和通信服务）将达640亿元。

在5G时代，人们的购物方式也将发生极大的变化。在5G技术的支持下，刷脸进店、虚拟试衣、社交分享、完成付款这种一站式的流畅购物体验将成为现实，从进店到选购再到出店，将变成新智能时代最稀松平常的购物方式（见图13-3）。

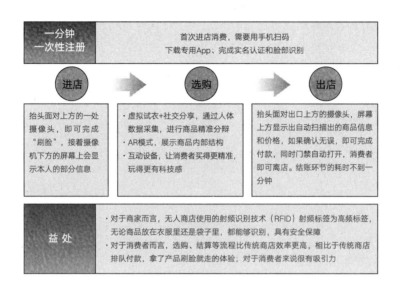

图 13-3 5G 时代的智能购物

从物联网到大规模连接

物联网是将现实世界与信息技术紧密结合的系统，通过信息技术源源不断地获取从摄像头等各种传感器渠道中采集的现实世界的数据。早在 20 多年前，物联网就备受社会各界关注，许多人认为物联网将直接或间接地对机器人在现实世界中的功用产生影响，是一种可能彻底改变个人生活的方方面面的技术。

信息技术与现实世界的融合，除了"物联网"之外，还有其他表述方式。例如，美国国家科学基金会早在 2006 年就召开了 CPS（Cyber Physical Systems，信息物理系统）工作组会议，探讨 CPS 的可行性，并认为 CPS 是美国在未来世界保持竞争力的关键所在；2008 年 IBM 推出"Smart Planet"（智慧地球）战略，旨在通过充分应用传感器推动信息技术与现实世界的融合；惠普公司也曾经推出过 CeNSE（the Central Nervous System for the Earth，地球中枢神经系统）等类似的概念（见图 13-4）。

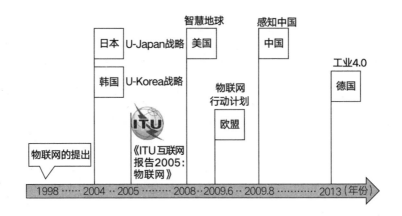

图 13-4　物联网的发展进程

注：U-Japan 战略与 U-Korea 战略分别指日本和韩国于 2004 年推出的基于互联网的国家信息化战略。

2013 年美国就提出过"万亿传感器革命"的说法。这一说法最初出现在美国的产学联合会议"万亿传感器峰会"(Trillion Sensors Summit) 上。该会议由仙童半导体公司副总裁贾努什·布雷扎克（Janusz Bryzek）、加州大学圣迭戈分校工学院院长阿尔伯特·皮萨诺（Albert P. Pisano）等共同主持，支持并参加该会议的有来自 ICT(信息通信技术)、零部件(半导体、电子部件)行业，以及大学和研究机构的众多著名企业和组织。

万亿传感器峰会在 2013 年的年度会议上提出了"万亿个传感器覆盖地球"(Trillion Sensors Universe) 计划，旨在推动社会在基础设施和公共服务中每年使用 1 万亿个传感器。1 万亿，这个数字相当于目前全球传感器市场需求的 100 倍。可以预见，在不久的将来，我们身边将布满传感器，那时，物联网时代才将真正到来！

各国与各大企业正不约而同地推出"物联网"或者类似概念，因为物联网的发展趋势既能够满足社会进步的需求，也是一项极有前景的业务。

5G 区别于 4G 的关键不仅仅在于速度快、带宽大，还在于其更加高效且稳定的物联网泛在连接，以及超高速、低时延的网络传输。

大规模连接，也就是大规模物联网。5G 强大的连接能力可以快速促进各垂直行业，如智能制造、智能农业、智慧城市、智能家居、智能环保等的深度融合。

在万物互联时代，人们的生活方式也将发生颠覆式变化，这一场景下，数据传输速率较低且对时延不敏感，连接将覆盖经济社会的方方面面。

大规模连接
Massive Machine
Type of Communi-
cations
也就是大规模物联
网。5G强大的连接
能力可以快速促进
各垂直行业，如智
能制造、智能农业、
智慧城市、智能家
居、智能环保等的
深度融合。

因此，国内业界普遍认为，随着 5G 的到来，更高的数据传输速率、更大的带宽、更低的时延将成为可能，一些依靠过去的移动通信技术无法实现的业务随之成为可能，从而实现各行各业的大规模创新，并有望进一步挖掘消费潜力，扩大消费总量，而且对设备制造和信息服务环节也将产生明显的带动作用。

放眼未来，5G 将成为全面构筑经济社会智能化转型的关键基础设施，从线上到线下、从消费互联网到工业互联网、从新兴人工智能行业到传统行业智能化升级，这些变化都将推动智能经济发展和智能社会建设迈上新台阶。

尤其是，物联网与其他新技术，如大数据、人工智能的深度融合，将形成诸多平台解决方案。人工智能将提供分析物联网设备收集的大数据的算法，识别各种模式，并进行智能预测和智能决策（见图13-5）。

5G 为各行各业的发展创造了巨大的机遇，同时也为大规模的行业颠覆式创新奠定了基础。据爱立信公司预测，到 2024 年，在全球范围内使用 5G 通信的物联网设备将达到 41 亿台。随着物联网设备数量的增加以及数据量的增加，5G 网络的大规模连接变得尤为重要。5G 技术将实现更广泛的网络覆盖、更稳定的互联网连接和更快的数据传输速度（从 4G 的 1 Gbps 到 5G 的 10 Gbps 以上），它还将允许更多移动设备同时访问网络，从而实现真正意义上的万物互联。

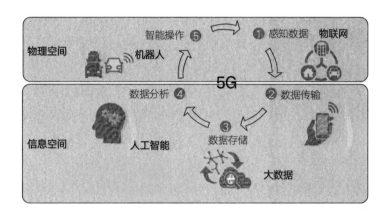

图 13-5　5G 时代的大规模连接

在我国，5G 将更广泛深入地与工业领域相融合，工厂车间中将出现更多的 5G 局域网无线连接服务，工厂车间网络基础设施不断优化，进而有效提升网络化协同制造水平，促进工厂车间提质增效。

中国信息通信研究院发布的《5G 经济社会影响白皮书》预计，到 2030 年，中国工业领域中 5G 相关投入（通信设备和通信服务）将达到 2 000 亿元。5G 技术可以使制造业的生产操作变得更加灵活和高效，同时提高安全性并降低维护成本，实现"智能工厂"。

　　例如：通过 5G 移动网络远程控制，监控和动态配置工业机器人，使它们通过自我优化来改进流程；通过 5G 移动网络推动 AR 在工厂里的应用，可以支持培训、维护、施工和维修等多种业务形式。

一般而言，大规模连接技术更偏向于物联网场景的运用。在 4G 时代，4G 通信技术也支持物联网运用，但是由于 4G 技术更多的是针对移动通话、视频及文字传输等偏向于消费者的业务，导致了其不适合大规模物联网场景中的数据传输，而且 4G 并没有针对物联网场景制定统一的标准，这又导致了跨设备沟通障碍的存在。而大规模连接技术就是专门为解决 4G 技术在物联网场景中的缺陷而出现的。

连接产生效率，连接产生价值，连接一切是 5G 发展的根本方向和终极目标。4G 催生了共享经济，5G 将催生共享世界。

在农业社会，人类以牲畜和铁器为生产工具，依靠土地和气候创收，农作物和其产量很大程度上由自然条件决定。在这个时期，人类形成了靠天吃饭和自给自足的思维方式，对自然非常依赖和敬畏。在工业社会，人类以机械为工具，依靠电力等能源提供动力，形成了社会化分工和等价交换的思维方式。在这个阶段，人类对自然的改造和征服能力大幅增强，因而出现了解放思想的运动：文艺复兴。20 世纪 60 年代开始，随着计算机和互联网技术的出现，人类社会开始从工业社会迈向信息社会。在信息时代，人类以信息传播网络为工具，依靠各种数字化和信息化技术，创造更多的价值。

近 10 年来，随着智能手机和移动互联网的普及，以及大数据、云计算的出现和应用，社会的各个方面发生了许多颠覆性的变化，人类世界对空间和时间以及对思维本身的看法与感受也发生了变化。"共享经济"正是基于这样的条件出现的。共享平台基于 4G 移动互联的高效、不间断的连接，将分布式和碎片化的资源整合在一起，并在全社会范围内进行智能的供需匹配，"网约车""共享单车""共享充电宝"等共享平台不但提供了新供给，也扩展了新需求（见图 13-6）。

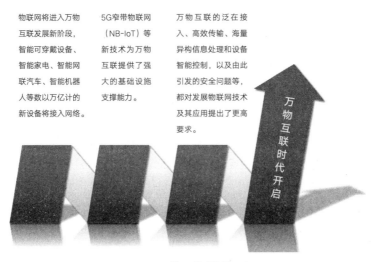

图 13-6 万物互联时代的开启

5G 时代的万物互联，包括我们开的车，家用的家具、电器、插座、灯泡，身上穿戴的耳机、手环、眼镜等都可以是智能的、互联的。在未来的几年间，我们的生活将变得更加智能，信息流通的速度也会越来越快。到那时，合作的成本就会变得很低，更多的人会融入基于共享模式所拓展的共享世界。

当然，万物互联需要的通信技术应更关注其能够连接设备的广度以及宽度，它对于数据的传输速率以及带宽要求不像面向消费者的那么高，但是却需要支持大数据量的连接、支持大量用户请求的并行处理和多通道数据传输处理等能力，这部分业务是对通信能力需求的另外一个领域。目前，智慧城市、智能环保是大规模连接场景下最典型的代表。

从通信的角度而言，5G 的三大场景技术各有所长，但归根结底都是通信技术，最终的目的都是对信号进行处理以及传输，所以，对于某一场景，只存在更适合的技术，而不存在非用不可的技术。对于这几项技术能够真正赋能的产业而言，更多的还在于这一产业领域里的"玩家"更擅长于使用哪种技术，更倾向于选择哪种技术。

14

工业互联网，
升级智能制造的价值链

　　5G 作为第五代移动通信技术，与前四代移动通信技术有着本质上的区别。第一代是模拟技术；第二代是数字化语音通信技术；第三代是以多媒体通信为特征的 3G 技术；第四代是现已成熟的 4G 技术，其通信速率相较于前几代大大提高，标志着人类进入无线宽带时代。但是，前四代都是单一的移动通信技术，而 5G 则是前四代移动通信技术的总和并加入高频通信技术，这就使得 5G 拥有更高通信峰值、更低时延、更大传输量和更低的功耗。所以，5G 的商用将推动通信行业价值链的升级换代，带动经济社会的繁荣发展。

从云端到终端

十几年来，中心化的云计算模型一直被认为是标准的 IT 交付方式，通过数据中心集中提供丰富的计算和存储资源。不可否认，云计算显著地降低了企业建设投资和运营维护成本。

随着万物互联趋势的不断加深，智能家居、智慧城市等终端设备数量不断增多，终端数据的增长速度远远超过了网络带宽的增速；同时，AR/VR、车联网等众多新应用的出现对网络低时延提出了更高的要求。特别是 5G 的逐渐推广使用，在不久的将来，将会出现一个流量爆炸的时间段，会有数百亿的智能设备接入网络，如此大量的智能终端将会给基础网络带来诸多挑战：智能互联的网络边缘侧将面临海量异构设备的连接、业务实时性、应用智能化和安全与隐私等方面的需求。

这时候，一种全新的思路出现了：能否通过网络，在海量的网络边缘设备中实现云计算的功能？这种新兴的技术被称为"边缘计算"。2019 年以来，边缘计算逐渐进入人们的视野，成为技术领域的新浪潮。特别是随着人工智能和物联网的发展，出现了越来越多的计算需求，这是一个算力和网络服务需求急剧膨胀的时代，而边缘计算作为一个融合性技术，也将发挥巨大作用。

5G 通信网络更加去中心化，需要在网络边缘部署小规模或者便携式数据中心，进行终端请求的本地化处理，以满足超低时延通信和大规模连接对超低时延的需求，因此边缘计算是 5G 核心技术之一。

边缘计算使数据更接近最终用户设备，为要求苛刻的应用提供极低时延的计算能力，加快了可操作数据的传递并降低了运输成本。这对于需要实时反馈的和对时延敏感的应用程序而言越来越重要（见图 14-1）。

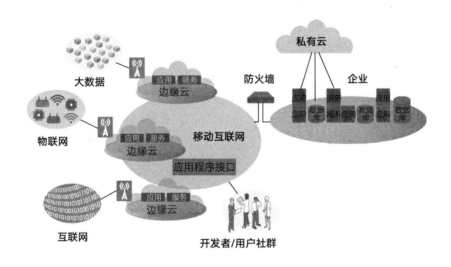

图 14-1 移动边缘计算（MEC）

资料来源：欧洲电信标准化协会。

边缘计算是指在靠近物或数据源头的网络边缘侧，集网络、计算、存储、应用等核心能力于一体的开放平台。边缘计算技术可以充分利用整个网络路径上各种设备的数据处理能力，就地存储并处理相关数据，降低网络带宽占用，提高系统实时性和可用性，满足行业数字化进程中在敏捷连接、实时业务、数据优化、应用智能、安全与隐私等方面的关键需求。

通俗来说，边缘计算就是将云端的计算和存储能力下沉到网络边缘，用分布式的计算与存储在本地直接处理或解决特定的业务需求，以满足不断出现的新业态对于网络高带宽、低时延的硬性要求。

总之，边缘计算有如下特点：

- 在靠近移动用户的位置上提供信息技术服务环境和云计算能力。

- 将内容推送到用户侧附近（如基站）。

- 应用、服务和内容都部署在高度分布的网络环境中。

- 可以更好地支持 5G 网络中低时延和高带宽的业务要求。

在 4G 时代，网络的实时性、带宽、能耗和安全性一直是移动通信业界最想改进的方面。

- **首先是实时性。**传感器接收到数据以后，云计算需要通过网络将数据传输到数据中心，经过分析处理后再通过网络反馈到终端设备，这样的数据来回传输就造成了较高的时延。

- **其次是云计算对带宽的需求也越来越大。** 例如在公共安全领域，每一个高清摄像头都需要 2M 的带宽来传输视频，这样的一个摄像头一天就可以产生十几个 G 的数据，如果将这样的数据全部传到数据中心进行分析存储的话，对带宽的占用非常大。

- **再次是能耗方面。** 现在数据中心的能耗在业界整体能耗中已经占据了非常高的比例，国家也不断地对数据中心的能耗指标做出要求。

- **最后是数据安全和隐私方面。** 数据经由网络上传到云端经历了众多环节，每个环节都有泄露的可能。

而边缘计算则可以完美地解决以上问题。边缘计算就部署在接入网近端，在网络边缘就可以完成对数据的分析处理，数据甚至都不必上传至云端，这样就大幅降低了数据传输耗费的时间，减轻了通信网络的带宽压力，而且，数据在边缘进行处理存储也更加安全高效。

边缘计算其实早在 2002 年就已被提出，近年来，随着软件定义网络和网络功能虚拟化等先进网络技术的日渐成熟，各大网络标准化组织才逐渐意识到边缘计算对于网络功能的巨大提升作用。2016 年 4 月，欧洲电信标准化协会（European Telecommunications Standards Institute，ETSI）将边缘计算机列为 5G 网络架构的关键技术。2016 年 11 月，华为、英特尔、ARM（全球领先的半导体知识产权提供商）、中国科学院沈阳自动化研究所、中国信息通信研究院和软通动力发起并成立了边缘计算产业联盟（ECC），致力于边缘计算在各行业的数字化创新与行业应用落地。

一个边缘计算参考架构通常分为三层，即云端（云）、边缘层（边）、现场层（端），其中边缘层又分为边缘节点和边缘管理器两部分。边缘节点是具有计算和存储能力的功能模块，包括负责处理和转换网络协议的边缘网关、负责闭环控制业务的边缘控制器、负责大规模数据处理的边缘云以及负责信息采集与简单处理的边缘传感器；边缘管理器则主要负责实现对边缘节点的各项功能进行统一管理和调度。

边缘计算整体框架强调了"云－边－端"一体化的要求，边缘传感器将设备端基础数据汇集到边缘云平台，在平台上对数据进行分析处理，得到的即时结果反馈到设备端，而边缘管理器则负责数据的统一调配，与云端建立联系，将业务相关数据传输到云端进行更加深入的分析，尔后再对边缘侧算法进行优化，从而灵活、高效地指导生产实践。

边缘计算是云与端连接的桥梁，其所处的地理位置与其所具备的功能定位决定了它自身必然具备的特点与属性。传感器从边缘设备对数据进行初始的采集，到边缘层进行一部分实时的处理，再将数据传输到核心层进行深度的计算分析，最后再将分析结果反馈到边缘，对边缘智能进行优化完善。云计算与边缘计算构成了一套完整的系统，云计算负责全局性、非实时、长周期的大数据处理与分析，而边缘计算则根据特定的需求对局部、实时、短周期的数据进行处理与分析。

5G 在万物互联场景下的各类应用，均逃不开终端计算问题，而边缘计算技术毫无疑问承载了几乎全部的终端计算能力。未来的 5G 部署，辅以人工智能和工业互联网的双翼协同，接入设备数量激增，边缘侧数据量也将呈现指数级增长态势。

如果这些数据都交由以云为核心的管理平台来处理，则会在实时性、敏捷性以及隐私安全上出现问题，但如果采用终端边缘计算，则可就近处理海量数据，各种设备便可实现高效协同，许多问题也将迎刃而解。

在万物互联时代，边缘计算是实现互联互通的重要连接触角，其基本特质与 5G 相互呼应且能够实现彼此协同，在服务产业场景应用时，边缘计算存在诸多优势，可大致总结为以下两个方面：

- 边缘计算具有分布式和低时延计算、高效率、实时协同保障等优势，可支持自动驾驶、智能制造、智能城市（交通、环保、能源、安全等）、人工智能行业应用等场景，可实现实时数据处理、分析、反馈，并在终端给出决策指令。以智能制造为例，中枢智能机器人在云计算中心负责总体控制，流水线终端协作机器人利用边缘计算不断交换、分析数据以实现实时决策，指导流水线上下游其他终端机器人开展协同工作，以便高效、低时延完成自动化生产流程。未来智能制造的最终目标是实现智能化工厂，机器终端设备均具有自感知能力，独立完成终端计算、数据处理，以及终端设备间数据同步、协同的能力，并做出最优决策，完成复杂流程及操作，尽可能减少对人工干预的依赖。以上诸多过程的实现，均需要以边缘计算为基础。

● 边缘计算可协助缓解数据流量压力，减少从设备到云端的数据流量，据统计，在"边云"（边缘计算与云计算）协同之下，其成本只有单独使用云计算的 39%。边缘计算高效节能的特质可支撑类似 AR/VR、无人机、全景直播、自动驾驶等会在终端产生海量、多维、异构数据的场景。以自动驾驶为例，在行驶过程中需对车内外环境进行实时监控，这个过程中产生的车联网数据、车主行为数据、道路交通数据等多维动态详细数据体量巨大，出于安全性考虑，无人车在道路行驶时需要及时针对车内外环境和各维度数据做出实时决策，并指导车辆安全行驶或及时向车主预警风险，最大限度保障行驶安全。

边缘计算技术是满足不同应用带来的多样化网络需求的核心技术之一。从产业服务的视角和实际场景落地情况来看，边缘计算在 5G 驱动下服务于垂直产业和特定场景，离不开与云计算的紧密协同、互相补充。具体来说，云计算偏重全局性、非实时、长周期的大数据处理与分析，而边缘计算适用于局部、实时、短周期的数据的处理与分析。

随着 5G 技术的进一步发展，多元化的应用将促进边缘计算的快速迭代，传统的数据中心会越来越向边缘侧延伸，边缘侧承担的计算任务也将持续增加，同时与通用服务器相比，边缘计算服务器可面向 5G 和边缘计算特定场景进行个性化、差异化定制，从而使能耗更低、温度适应性更强、运维管理更加方便。

在传输网架构中引入边缘计算技术，在靠近接入侧的边缘机房部署网关、服务器等设备，增加计算能力，将低时延业务相关数据、局域性数据、低价值数据等直接在边缘机房进行处理和传输，不需要通过传输网传回核心网，进而降低时延、减少回传压力、提升用户体验。

随着网络底层技术的不断革新，应用和商业模式不断推陈出新，5G 的三大应用场景，未来将催生大量不同的应用，也将对网络性能提出更高要求。随着这些应用的成熟，它们对网络能力的要求还将更进一步，必须使用新的网络技术才行。因此，可以预见 5G 技术发展将会由以云计算为核心的"中心化计算架构"向以边缘计算为核心的"去中心化计算架构"转化。

从自动到智能

作为制造业大国，德国 2013 年开始实施一项名为"工业 4.0"的国家战略，希望在工业系统中的各个环节都能够应用互联网技术，将数字信息与物理现实之间的联系可视化，将生产工艺与管理流程全面融合，进而实现智能工厂，生产出智能产品。相对于传统制造工业，以智能工厂为代表的未来智能制造业是一种理想状态下的生产系统，此系统能够对产品属性、生产成本、生产时间、物流管理、安全性、可信赖性以及可持续性等要素进行智能化判断，从而为每一个顾客进行最优化的产品定制。

工业 4.0 时代的智能化，是以工业 3.0 时代的自动化技术和架构为基础，在生产模式上实现从集中式中央控制向分散式增强控制的转变，利用传感器和互联网让生产设备互联，建构一个可以柔性生产的、满足个性化需求的生产模式。

20 世纪 70 年代后期，自动控制系统开始用于生产制造领域。此后，许多工厂都在不断探索如何提高生产效率、生产质量以及生产的灵活性。一些工厂从机械制造的角度提出了机电一体化、管控一体化的概念。机电一体化实现了流水线工艺，按顺序操作，为大批量生产提供了技术保障，提高了生产效率；管控一体化基于中央控制实现集中管理，一定程度上节约了生产制造的成本，提高了生产质量。但是，两者都无法解决生产制造的灵活性问题。

英国早在 20 世纪 60 年代就提出了柔性制造系统（Flexible Manufacture System，FMS）概念。柔性制造系统主要是指按成本效益原则，以自动化技术为基础，以敏捷的生产方式适应产品品种变化的加工制造系统。相关资料显示，柔性制造系统由计算机控制，由若干半独立的工作站和一个物料传输系统组成，以可组合的加工模块化和分布式制造单元为基础，通过柔性化的加工、运输和仓储，高效地制造多品种小批量的产品，并能同时用于不同的生产任务。

这种分布式、单元化、自律管理的制造系统，每个单元都有一定的决策自主权，由自身的指挥系统进行计划调度和物料管理，形成局部闭环，可适应生产品种频繁变换的需求，使设备和整个生产线具有相当的灵活性。柔性制造系统是一种以信息为主而与批量无关的可重构的先进制造系统，这使加工系统实现了从"刚性化"向"柔性化"的过渡。

如今，随着信息技术、计算机和通信技术的高速发展，人们对产品需求产生了变化，使得灵活性进一步成为生产制造领域面临的最大挑战。具体而言，由于技术的迅速进步，产品更新换代频繁，产品的生命周期越来越短。对于制造业工厂来说，既要提升对产品更新换代的快速响应能力，又要及时调整生命周期较短的产品的产量，当然随之而来的成本提升和价格压力问题也是制造业工厂不得不面对的难题。

工业 4.0 则让生产灵活性的挑战成为新的机遇，现有的自动化技术将通过与迅速发展的 5G、云计算等信息技术相融合来解决柔性化生产问题，进而实现智能制造（见图 14-2）。智能制造过程主要围绕着智能工厂展开，而 5G 将在智能工厂中发挥着重要的作用。物联网将所有的机器设备连接在一起，如控制器、传感器、执行器等，然后，人工智能就可以分析传感器上传的数据，这就是智能制造的核心。

5G 的商用正好使互联网时代进入下半场——消费互联网深化和工业互联网起步的时期，也是大数据和人工智能发展势头正旺的时期。5G 生逢其时，将开拓消费领域、产业领域的新应用，甚至激发出我们现在还想象不到的新业态。例如：制造能力的平台化，通过将数据化的制造资源在平台上进行模块化部署，进而实现制造能力（工业设计 App、工业检测 App、工业仿真 App 等）在线交易。

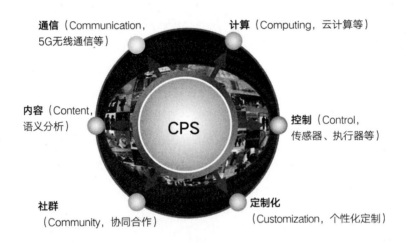

通信（Communication，
5G无线通信等）

计算（Computing，云计算等）

内容（Content，
语义分析）

控制（Control，
传感器、执行器等）

CPS

社群
（Community，协同合作）

定制化
（Customization，个性化定制）

图 14-2　信息物理系统（CPS）的技术构成

随着工业互联网的应用发展，网络和实体系统将紧密联系在一起，也就是利用物联网将生产现场的处理器、传感器连接起来，使得机器人之间可以互相沟通，形成智能工厂——5G 技术的重要应用场景之一。利用 5G 网络将生产设备无缝连接，并进一步打通设计、采购、仓储、物流等环节，使生产更加扁平化、定制化、智能化，从而构造一个面向未来的智能制造网络。在未来智能工厂的生产环节中涉及物流、上料、仓储等的方案判断和决策，5G 技术能够为智能工厂提供全云化网络平台，不计其数的传感器应用精密传感技术，在极短时间内进行信息状态上报，大量工业大数据通过5G 网络汇集起来形成庞大的数据库，工业机器人结合云计算的超级计算能力进行自主学习和精确判断，给出最佳解决方案。在一些特定场景下，借助5G 环境下的 D2D（Device-to-Device，设备到设备）技术，设备之间可以直接通信，这进一步降低了端到端的时延，在实现网络负荷分流的同时，设备的反应也更为敏捷。

数据是智能工厂的命脉。基于系统性分析，数据将有助于推动各流程顺利开展、检测运营失误、提供用户反馈。当数据的规模和其采集范围均达到一定水平时，这些数据便可用于应对运营和资产利用效率低下的问题，以及预测采购量和需求量的变化趋势。智能工厂内部的数据能够以多种形式存在，且用途广泛，例如与环境状况相关的离散信息，包括湿度、温度和污染物。数据的收集和处理方式，以及基于数据采取相应行动是数据发挥价值的关键所在，如果要实现智能工厂的有效运作，制造企业应当采用适当的方式持续创建和收集数据流，管理和储存各种设备产生的大量信息，并通过多种方式分析数据，进而采取相应行动（见图 14-3）。

此外，智能制造系统里还有人机交互，即人和机器人之间的互动，以及用人工智能优化产品及其生产流程等。工厂经常需要做一些预测性维护、预测机器的能耗等工作，越来越多的这类功能可以在智能工厂里实现。工业互联网平台的发展整体上呈现三大特征。

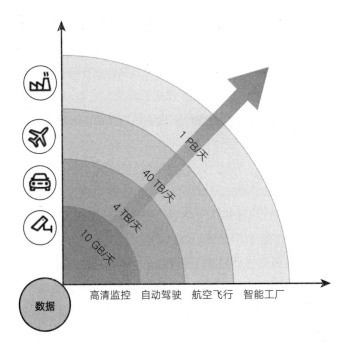

图 14-3　智能工厂的海量数据

注: 1 PB=1 024 TB, 1 TB=1 024 GB。

- **泛在连接:** 对设备、软件、人员等各类生产要素数据的全面采集能力。

- **云化服务:** 实现基于云计算架构的海量数据的存储、管理和计算。

- **知识积累：** 能够提供基于工业知识机理的数据分析能力，并实现知识的固化、积累和复用。

从工业 3.0 时代的单一种类产品的大规模生产，到工业 4.0 时代的多个种类产品的大规模定制，现代化的生产既要满足个性化需要，又要获得大规模生产的成本优势。所以，工业 4.0 和工业 3.0 的主要差别体现在灵活性上。工业 4.0 基于标准模块，通过动态配置的单元式生产，实现规模化，以满足用户的个性化需求。同时，大规模定制从过去落后的面向库存生产的模式转变为面向订单生产的模式，在一定程度上缩短了交货期，并大幅度降低库存，甚至实现零库存运营。在生产制造领域，需求推动着新一轮的生产制造革命以及技术与解决方案的创新。对产品的差异化需求，正促使生产制造业加速设计和推出新品。正因为人们对个性化的需求日益增强，当技术与市场环境成熟时，此前为提高生产效率、降低产品成本的规模化、复制化的生产方式也将随之发生改变。所以，工业 4.0 是工业制造业的技术转型，是一次全新的工业技术变革。

作为新一代移动通信技术，5G 技术既契合了传统制造企业智能化转型过程中对无线网络的需求，又满足了工业环境下设备互联和远程交互应用的需求。在物联网、工业自动化控制、物流追踪、工业 AR、云化机器人等工业应用领域，5G 技术起着重要的支撑作用。

- **物联网：** 随着工厂智能化转型的推进，物联网作为连接人、机器和设备的关键支撑技术正受到企业的高度关注。这在推动物联网应用落地的同时，也极大地推动了 5G 技术的发展。

- **工业自动化控制：**这是制造业工厂中的基础应用，其核心是闭环控制系统。5G 可提供超低时延、高可靠且支持海量连接的网络，使得闭环控制应用通过无线网络连接成为可能。在智能工厂中，关键工序通过网络切片技术保证事务处理的实时性，对低时延要求很高，所以应将用户数据面功能模块部署在靠近终端用户的本地数据中心，尽可能地降低时延，保证对生产过程的实时控制。

- **物流追踪：**从仓库管理到物流配送均需要广覆盖、深覆盖、低功耗、大连接、低成本的通信技术；此外，虚拟工厂的端到端整合跨越产品的整个生命周期，要连接分布广泛的已售出的商品，也需要广覆盖、低成本和低功耗的网络；企业内部或企业之间的横向集成也需要无所不在的网络，5G 网络能很好地满足这些需求。

- **工业 AR：**在智能工厂的生产过程中，人将发挥更重要的作用。由于未来工厂具有高度的灵活性和多功能性，这对工厂车间工作人员提出了更高的要求。为快速满足新任务和生产活动的需求，AR 将发挥着关键作用，主要表现在智能制造的监控流程和生产流程：生产任务分步指引，例如手动装配过程指导；远程专家业务支撑，例如远程维护。在这些应用中，辅助 AR 设施需要具备较强的灵活性和轻便性，以便使工作高效开展。

　　总之，5G 技术已经成为支撑智能制造转型的关键技术，能将分布广泛的物料、机器和设备全部连接起来，构建统一的工业互联网，帮助制造企业摆脱以往无线网络较差的处境，这对于推动工业互联网的完善以及智能制造的深化转型有着积极的意义。

部分小结　规模创新的四大法宝

1. 实现高效传输

只有在高频段的支持下，5G 相关技术才能与终端间的短距离、高数据传输速率、低时延、低功耗的直接通信完美适配，还能够加强频率资源的空间复用性。因而，更高效、更灵活地使用现有频谱的同时，频率越高，能使用的频率资源越丰富，能实现的传输速率也就越高。

2. 善用技术支持

首先，微型化的基站是 5G 性能提升的关键技术；其次，大规模的天线可以实现 5 ~ 10 倍效率的提升；最后，灵活弹性的组网架构是实现深度共享的基础。

3. 找准商业场景

增强型移动宽带（eMBB）、超可靠低时延通信（uRLLC）和大规模连接（mMTC）。

4. 挖掘价值链条

5G 的商用正好使互联网进入下半场——消费互联网深化和工业互联网起步的时期，也是大数据和人工智能发展势头正旺的时期。5G 生逢其时，将开拓消费领域、产业领域的新应用，甚至激发出我们现在还想象不到的新业态。例如，制造能力的平台化，通过将数据化的制造资源在平台上进行模块化部署，进而实现制造能力（工业设计 App、工业检测 App、工业仿真 App 等）在线交易。

区块链与 5G 互链互融，
启动新基建的未来引擎

5G
+
BLOCKCHAIN

5G 与区块链拥有各自的优势和劣势。区块链技术旨在打破当前依赖中心机构信任背书的交易模式，用密码学的手段为交易的去中心化、隐私保护、历史记录防篡改及可追溯等提供技术支持。对于 5G 而言，可以在用户隐私信息安全、线上交易信任确立、虚拟知识产权保护等方面提供技术支撑。

　　5G 的优势在于网络覆盖广、数据信息传输的速率高、通信时延低以及支持海量连接，有利于构建数字化的社会经济体系，也为区块链应用传递庞大数据量和信息量提供了可能性，同时，极高的传输速率也在很大程度上提升了数据传输与存储的效率。

　　5G + 区块链正在重塑社会的方方面面，全世界都将因此而焕然一新。

15

5G 是区块链的通信基础设施

区块链可以在去信任、去中心化和防止篡改历史数据等方面提供支持，但它永远不会像数据库那样有效，很难同时实现高可扩展性和高度的去中心化。数据分布在世界各地，达成全球共识需要一些时间，因此必须考虑网络时延。

从数据传输速率到上链数据量

5G 高速网络，能够提升区块链交易的速度。区块链节点间的通信一直是一个难以解决的技术问题。由于网络传输速率的限制，区块链项目的交易处理速度较低，并且为确定区块链上进行的交易的真实性，往往又会产生较大的时延，这进一步降低了区块链的交易速度，阻碍了区块链在金融、供应链等领域的发展。5G 落地后，硬件端到端的网络通信速率将得到大幅提升，可以在保持区块链去中心化特性的同时，实现更快的交易处理速度（见图 15-1）。

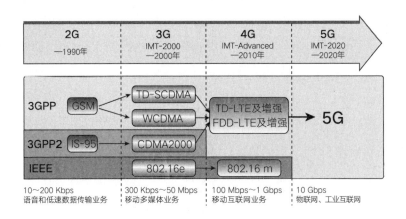

图 15-1　5G 将成为各行各业的基础设施

　　区块链是各参与方基于共识机制建立数字信任的分布式共享账本，是多种技术的集成创新：基于时间戳的链式区块结构，上链数据难以篡改；基于共识算法的实时运行系统，指定数据可以共享；基于智能合约的自主规则，技术性信任可以认证；基于加密算法的端对端网络，交易对手可以互选。

　　可扩展性仍是区块链技术领域最核心和亟待解决的问题，交易吞吐量和时延是商业应用落地的两大关键技术性难题。目前，主流的区块链仅能支持数十笔交易，还远不及 VISA（美国信用卡品牌）每秒可处理交易量的峰值 24 000 笔。另外，区块链确认一笔交易所需的时间很长，比特币块需要 10 分钟，以太坊块需要 14 秒左右，而 VISA 这一类服务，交易的处理是即时的。

目前，可扩展性解决方案主要集中在共识机制（分布式网络层面）和交易验证机制（分布式账本层面）两方面。

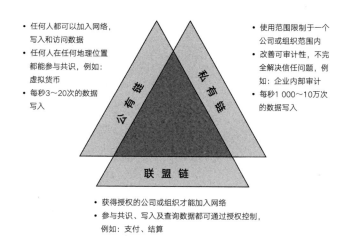

• 任何人都可以加入网络，写入和访问数据
• 任何人在任何地理位置都能参与共识，例如：虚拟货币
• 每秒3～20次的数据写入

• 使用范围限制于一个公司或组织范围内
• 改善可审计性，不完全解决信任问题，例如：企业内部审计
• 每秒1 000～10万次的数据写入

公有链　私有链　联盟链

• 获得授权的公司或组织才能加入网络
• 参与共识、写入及查询数据都可通过授权控制，例如：支付、结算
• 每秒1 000～10 000次的数据写入

图 15-2　三种类型区块链所要求的网络承载能力

相较于 4G，5G 拥有更快的数据传输速度，最高可达 10 Gbps。借助 5G 网络，区块链系统的交易速度将会提升，区块链中各类应用的稳定性也将得到质的提升。

与此同时，5G 创造的万物互联网络将为区块链带来更多可上链的数据。5G 移动技术在目前无线普及的各个行业和流程中不断扩散，将在更广泛的行业领域和地域产生深远和持久的影响（见图 15-3）。

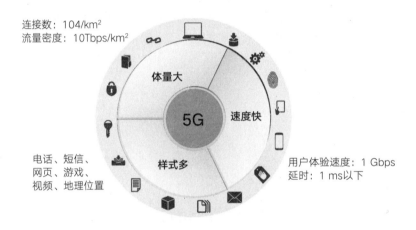

图 15-3　5G 产生的大数据

首先，5G 技术将使移动通信技术超越消费和企业级服务，拓展至行业应用领域，从而让人们以一种前所未有的方式同全世界互动。正如前文所述，5G 的技术规范和功能完全不同于前几代网络技术。广泛终端将使用多种无线电类型，以完成一系列多样化任务。

其次，5G 标准不仅将使用授权和非授权频谱，而且将使用共享频谱，并分别在专有和公共网络上运行。这种高度的灵活性表明 5G 将能够应对数量空前的行业应用范例。移动生态系统若想成功渗透上述行业，关键在于深入了解其所应对的不同行业及相关应用范例。许多行业的终端生命周期将长达 10 年甚至更久，而有一些行业可能会要求使用专用网络或特定频段的网络。

随着 5G 技术不断进步并嵌入大量终端、机器和流程，无线通信将为各个行业和领域带来变革性影响，并将引领创新与经济发展的新时代。未来，5G 与云计算、大数据、人工智能、AR/VR 等技术的深度融合，将连接人和万物，成为各行各业数字化转型的关键基础设施。

- 一方面，5G 将为用户提供超高清视频、新一代社交网络、浸入式游戏等更加让人有身临其境之感的业务体验，促进人类交互方式再次升级。

- 另一方面，5G 将支持海量的机器通信，以智慧城市、智能家居等为代表的典型应用场景与移动通信技术深度融合，预计将有千亿量级的设备接入 5G 网络。更重要的是，5G 还将以其超高可靠性、超低时延的卓越性能，引爆如车联网、移动医疗、工业互联网等垂直行业应用。

5G 技术能够给物联网带来更广的覆盖、更稳定的授权频段、更统一的标准，从而为基于物联网的区块链应用提供有力的支持。5G 还将驱动整个社会大量使用智能设备，这意味着区块链将获得比以往更多的数据，而这些数据将极大地推动科学技术的全球化。

因此，依托 5G 通信技术带来的高速网络，以及物联网、大数据和人工智能等各项技术的发展，区块链将能为全球上万亿的商品，提供稳定的跟踪、溯源和分布式的点对点交易服务。

从边缘计算到边缘暗计算

5G 的兴起，极大地推动了云计算的发展，在目前的结构体系内，往往通过云端联网和数据中心，结合多方大数据以及超强计算力的优势，来进行大规模计算，实现人工智能。面对人工智能发展过程中的海量数据传输、实时性以及隐私安全问题，要想让人工智能真正走进生活，大部分数据处理的工作需要从云端走向终端。边缘计算既靠近执行单元，又是云端所需高价值数据的采集和初步处理单元，因而可以更好地支撑云端应用来进行大数据分析，优化输出的业务规则和模型，进而优化边缘计算的效率。

边缘计算是一种分布式计算，可将数据资料的处理、应用程序的运行甚至一些功能服务的实现，由网

边缘计算
Edge Computing
边缘计算是一种分布式计算，可将数据资料的处理、应用程序的运行甚至一些功能服务的实现，由网络中心下放到网络边缘的节点上。网络中心从云端走向终端的过程，也是整个网络从中心化走向去中心化的过程。

络中心下放到网络边缘的节点上。网络中心从云端走向终端的过程，也是整个网络从中心化走向去中心化的过程。

云计算与边缘计算各有所长。其中，云计算擅长全局性、非实时、长周期的大数据处理与分析，能够在长周期维护、业务决策支持等领域发挥优势；而边缘计算更适用于局部的、实时的、短周期的数据处理与分析，因而能更好地支撑本地业务的实时智能化决策与执行。

在这种分布式的结构体系内，正催生着互联网从中心化向去中心化的演进，借助高效的边缘计算，可将潜在的数十亿传感器，如：摄像机、工业机器、显示器、智能手机和其他智能通信设备集成到数据中心，并在弹性和虚拟化环境中对数据进行处理，以实现端到端制造的自动化。

从另一个角度来看，边缘计算在网络边缘设备上增加执行任务计算和数据分析的能力，将原有中心服务器的部分或全部计算任务迁移到网络边缘设备上，有效地降低了中心服务器的计算负载，减缓了网络带宽的压力，提高了计算的实时性和万物互联时代的数据处理效率。

在一定程度上，边缘计算与区块链的去中心化结构是相通的，都是未来物理世界与数字世界间的重要沟通桥梁。只有当终端设备实现智能化，才能满足各个行业在数字化转型过程中在敏捷连接、实时业务、数据优化、应用智能、数据安全与隐私保护等方面的关键需求，更好地应对未来数字世界的高效运行。

可以设想，未来随着智能设备数量的剧增，网络边缘侧会产生庞大的数据量，如果这些数据都由中心管理平台来处理，将很难避免在实时性、敏捷性以及隐私安全等方面的问题。采用边缘计算技术可以就近处理海量数据，大量设备可以实现高效协同工作，以上诸多问题就可迎刃而解，从而极大地提升计算的"智能水平"（见图 15-4）。

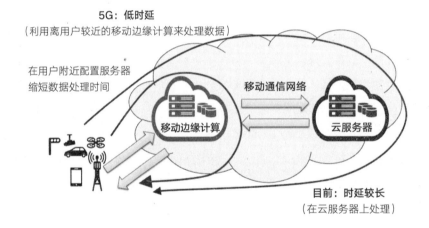

图 15-4　低时延的边缘计算

比如，在比特币挖矿中，相对于购买矿机，云算力是将矿机总算力拆分成独立单位，用户只需购买其中一部分算力即可进行挖矿，因而投入成本更低，固时省去了对矿场和矿机设置、运维等繁琐的步骤，还避免了挖矿噪声，相较于家庭挖矿，用户可以付出更少的电费、维护费。这就是所谓的"边缘暗计算"：一种通过 5G 聚拢算力，由区块链矿工触发，由众多终端侧执行的边缘计算。

当然，若想有效调动各种算力，形成边缘暗计算，需要优化网络拓扑结构和订单匹配算法，以获取高优先级存储机会，并搭配动态的存储监控系统，对所有硬件终端的实时有效存储状况进行跟踪，保证硬件终端在算法附能下持续拥有最高的有效算力。

边缘暗计算是一种云算力，可以解决区块链的计算问题，由区块链智能合约引发，根据不确定用户的触发，使其之后数个节点都能自动进行后台计算。比特币挖矿从个人挖矿到现在发展成集群化的网络协同挖矿，只有专业的矿场营收才比较可观。投资预算较小的用户，自己购置矿机，挖矿门槛会比较高，且很难找到电价及租金相对低廉的场地，回本周期也相对比较长，投入产出比不高。针对没有条件又想参与挖矿的投资者，可以使用矿场提供矿机算力租赁服务，通过购买算力合约进行云挖矿，从而获得相应的数字货币。

传统的物联网领域，都是基于服务器的中心化结构，所有设备的连接、数据处理都需要经过云计算，这种模式现在已经暴露出诸多问题，如计算成本高、数据无法得到有效保护、被攻击后会出现连锁反应等，这些问题都是现有的中心化结构的服务器无法解决的。

边缘暗计算与区块链融合能提高物联网设备的整体效能。以物联网设备群为例：一方面移动边缘计算可以充当物联网设备的"局部大脑"，存储和处理同一场景中不同物联网设备传来的数据，并修正和优化各种设备的工作状态和路径，从而达到场景整体应用最优状态；另一方面，物联网设备可以将数据"寄存"到边缘暗计算服务器，并在区块链技术的帮助下保证数据的可靠性和安全性，同时也为将来物联网设备按服务收费等多种发展方式提供了可能性。

可以设想，在未来的数字世界，将会有数以百亿计的智能设备支撑着物理世界的运行，同时有一张巨大的无形数据网覆盖于世界的每一个角落之上，各个设备之间无时无刻都在彼此交换数据，正是因为边缘计算的存在，每一个设备都能形成自己的"思考"，并在区块链的保障下进行安全的数据传输，这种景象如同生物界中物种的涌现，通过设备的"民主"，缔造一个更加高效的数字世界。

16

区块链为 5G 保驾护航

5G 作为新一代移动通信技术，具有高速率、低时延、大带宽三大特性；区块链作为新一代互联网技术，具有去中心化、可追溯、开放性、防篡改等特点。然而，运营商的通信数据在数据结构、内容和格式方面具有很大的相似性，因此，这些数据很容易应用于相同的场景。特别是 5G 时代，随着网络速度的提升，数据量也随之高速增长，同时对数据的安全性保护和隐私性也提出了更高的要求。

区块链的分布式、自组织特性，可用于构建数据共享、分散协作、去中心化的松散的生态环境，其用密码学的手段为交易去中心化、隐私信息保护、历史记录防篡改、可追溯等提供技术支持，天然适用于对数据保护要求严格的场景。同时，区块链去中心化的本质，也为网络资源共享提供了新的解决思路。

从 P2P 到 D2D

去中心化协作是区块链的核心工作模式。为实现去中心化环境下的相互协作，区块链引入了 P2P（点对点）通信、事件消息全域广播、数据副本存储等协作机制。

D2D 通信技术
Device-to-Device
D2D 通信技术是指两个对等的用户节点之间直接进行通信的通信方式。

5G 技术使得 D2D（设备到设备）通信成为可能，区块链分布式架构意味着数据特性可以被保护，这解决了当前物联网设备数据容易被窃取或复制的风险。通过使用区块链，利用非对称加密和哈希算法，可以防止数据被篡改，从而保障这些数据的安全。

由于目前的无线移动通信网络的架构是以固定的基础设施为中心与各类终端通信，终端之间的通信需要经过基站与网络的中继[①]，而根据香农定律，由于基站数量以及无线接入频谱的限制，无线接入系统容量进一步提升的空间微乎其微。所以，在可预见的未来，无线移动通信网络的发展将会遭遇显著的问题：无线接入网络无法满足无线移动数据流量大规模增加的需求。当下，信息流向正呈现出热点区域

①　中继是指两个交换中心的传输通路。——编者注

的局域化集中趋势，而现有的无线接入网络技术无法保证这种应用场景的服务质量。

D2D 通信技术是指两个对等的用户节点之间直接进行通信的通信方式。在由 D2D 通信用户组成的分散式网络中，每个用户节点都能发送和接收信号，并具有自动路由（转发信息）的功能。网络的参与者共用它们所拥有的一部分硬件资源，包括信息处理、存储以及网络连接能力等，这些共用资源向网络提供服务，能被其他用户直接访问而不需要经过中间实体。在 D2D 通信网络中，用户节点同时扮演服务器和客户端的角色，用户能够意识到彼此的存在，因而会自发地构成一个虚拟或者实际的群体（见图 16-1）。

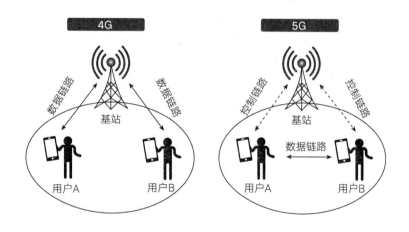

图 16-1　低时延的 D2D 通信

D2D 通信技术及主要应用场景表现在三个方面：在本地业务如社交应用、本地数据传输、蜂窝网络流量卸载等方面，可以大幅提高频谱利用率；在应急通信方面，可以提供通信保障；在物联网增强方面，传统网络可借助 D2D 通信技术进行拓展，如车联网、远程视频、智慧城市等。

尽管 D2D 通信技术拥有无可比拟的优势，但是，在 5G 通信网中应用 D2D 通信技术仍然存在很多问题。

● 传统蜂窝网络需要全面改良和升级

要想在 5G 通信网中应用 D2D 通信技术，首先要确保其不会与 D2D 通信技术产生冲突。然而，传统蜂窝网络比较封闭，无法支持 D2D 通信技术的有效应用。因此对传统蜂窝网络进行全面的改良与升级非常有必要，其中包括元件升级、控制平面修改、数据平面修改等，这是一个极大的工程，必须要有足够先进的技术支持和大量的资金投入。

● 频谱资源共享造成的干扰

D2D 通信技术在 5G 通信网中的应用可以有效解决频谱资源不足的问题，依靠设备之间的直接连接进行通信，大幅提高了频谱资源的利用率，但频谱资源的共享可能会对用户的通信造成干扰，从而影响用户的通信体验。

● 通信高峰造成的通信问题

与当前被广泛应用的 4G 网络相比，5G 网络在传输速度、效率等方面都有所提升，尤其是在时延、资源使用率和可扩展性等方面都有了很大的提升。为了保证 5G 通信网的通信质量，需建设超密集异构网络来提升网络的覆盖密度，增加重覆盖区域。虽然这种方案在一定程度上扩大了 5G 通信网的覆盖范围，也对通信质量的提高有着一定的积极作用，但是当大量用户同时通过 D2D 通信技术连接入网时，很可能造成 5G 网络通信时延大幅提升，影响用户的实际使用体验。

在传统蜂窝网络中引入 D2D 通信技术，并将其作为蜂窝移动通信接入网络的下层，与宏小区、微小区、家庭小区等异构层叠网络使用相同的无线频谱资源，可以提高系统吞吐量。采用蜂窝网频段，从通信发起时到连接建立后，D2D 设备间的直接通信始终受基站的控制，并保持相关终端处于网络受控的状态，以便随时都可进入蜂窝通信模式。基站作为无线接入链路和 D2D 链路的资源控制中心，可同时对 D2D 发射端的发射功率与通信时长等传输参数进行约束，避免其对网络内该 D2D 集群之外正在使用蜂窝网进行移动通信的终端造成同频干扰。

从第三代合作伙伴计划的 LTE Rel-12 开始，目前的 4G 已经对 D2D 通信技术进行了初步的研究。但是在现阶段，业界对于 D2D 所需具备的功能以及应用场景的认识，仅仅局限于公共安全通信系统中的 D2D 通信和一些其他商业化应用的 D2D 接近感应探测等方面。

学术界和产业界关于 D2D 层叠网络的研究处于刚起步的阶段，并没有考虑无线局域网的架构，而且大多都基于简单分割无线资源或者简单叠加已有技术方案。如何有效地将 D2D 集群加入现有的移动通信蜂窝网络，提高无线频谱资源的利用效率和网络的"无缝性"，仍然是当前无线移动宽带通信网络发展迫切需要解决的问题。

区块链可以做到在分布式部署的架构下，无须中心机构做确权，而由去中心化的节点在链上确权和分发，这就使得点对点的价值交换成为可能，而不需要通过中心机构的中转和交换费用的支付，这大大提升了终端交易的效率，降低了交易成本。

为了实现 5G 重点布局的分布式应用场景，必须把 D2D 通信技术明确地纳入未来的 5G 移动通信系统之中，当然还包括高度集成的无线接入与移动回传、多跳通信等技术。区块链技术和 5G 通信技术的融合，将实现真正的点对点的价值流传输。

从动态频谱管理到网络切片配置

无线频谱作为稀缺的自然资源，目前采用"静态管理策略"，导致可用

频谱严重短缺，授权频谱的利用率也十分低下。随着网络的密集化，基于区
块链的动态频谱共享将成为未来网络的发展趋势。

美国联邦通信委员会在重新分配新的无线频谱，并将其用于移动通
信系统方面非常积极，且做了很多努力。比如，其在 2010 年颁布的美
国国家宽带发展战略（National Broadband Plan）中，就明确地提出要把
1.2 ～ 1.7 GHz 频段重新指配给移动通信基础网络运营商使用，以应对可以
预见的移动数据流量暴增所带来的挑战。

在具体执行方式上，美国联邦通信委员会通过"频谱共享接入"的方式
来释放频谱。这与"空白波段"的使用理念相同，在给定的时间和空间内，
相关频谱的附属用户仅能在主用户不在线时才能使用。美国联邦通信委员
会已经发布了针对 3.5 GHz 频段的拟定规则制定通知（Notice of Proposed
Rule Making，NPRM），其中规定了三个用户等级，分别为：首要接入、受
保护的接入和一般授权访问。为了对这三个等级的用户接入共享频谱的方式
进行管理，就需要研发频谱接入服务器。

进一步地，考虑到未来 5G 移动通信系统的相关需求，在频谱共享的接
入方面，尚需研发一些新的技术能力，具体包括（但不限于）以下几种：

- 未来的移动通信无线接入网络要具有与频谱接入服务器进行连
  接的接口，以实时、动态地请求并接收无线频谱的指配信息，
  并从基站提取无线频谱感知信息，将其送达频谱接入服务器。

● 未来的移动通信基站应能灵活地使用无线频谱，并能够感知无线频谱信息。其中，灵活是指正在通信的终端可以根据需要，在频谱接入服务器的统一调度下，从一个无线信道（更高等级的用户要使用这个信道的无线频谱资源）"无缝"转换到另一个具有空闲频谱的无线信道，以最大限度地保证各个等级用户的使用权益，"无缝"是指用户感知不到这种转换过程，因而不会影响其对当前业务的使用体验；感知无线频谱信息主要指的是：对于主用户或首要用户正在使用的无线频谱的监测，在具体的实现方式上，可以采取宽带自适应无线电技术，并可以通过信道聚合技术来确保上述的信道转换过程的平滑与无缝，这种信道聚合技术也同样适用于当某个信道因被锁定而无法使用时，转到另一个可用信道的情况。

区块链分布式记账的本质及上层智能合约具有智能结算、价值转移、资源共享的天然优势，很适合与网络资源共享技术相结合。例如，授权频谱共享、频谱拥有者之间的相互信任、频谱价值转移、其他资源共享等。基于区块链，用户可以动态共享各自拥有的授权频谱资源，再基于智能合约，并结合频谱拥有者的特点、空闲时段等进行费用结算，最终实现 5G 动态频谱管理。

未来，无线移动通信系统将自动、实时、动态、智能地引导终端设备无缝地切换到最合适的无线接入网络，来实现运营效率以及用户体验的巨大提升。

在当下的 4G 移动通信时代，业界重点关注的是对于多种无线接入技术的管理，而来自用户的相关需求将驱动未来的 5G 移动通信网络实现无线接入网络的无缝切换，尤其是超高清移动视频业务和触觉互联网通信业务等对实时性要求极高的业务，进一步研究如何实现无线接入技术的深度融合势在必行（见图 16-2）。

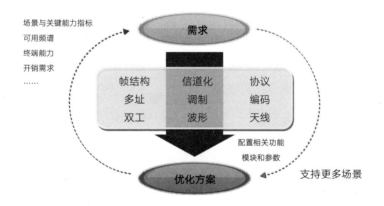

图 16-2　5G 线路空中接口技术架构

未来，在用户超密集的场所进行多种无线接入技术（比如：Wi-Fi、3G、LTE、5G）的异构融合组网将成为常态，因此，为了实现对于数据流量的分流与卸载，就需要对无线移动通信网络的控制平面以及用户数据平面进行解耦[①]。此外，对于多种无线接入技术的整合可能也将包含"移动通信终端机

---

① 解耦是指两个或两个以上的体系通过相互作用而相互影响以至联合起来的现象。——编者注

会性地同时接入各种类型无线接入网络"等内容。

为了实现多种无线接入技术的异构融合组网，需要研发一种逻辑实体，用以协调各类型无线接入网络的资源调度。为此，又需要部署虚拟化技术，用以在无须改变网络拓扑以及结构的大前提之下，根据业务的相关需求，智能地协调和编排出相应的网络功能。

目前正在被大力研究的软件定义网络技术有望应用于未来移动通信网的接入网络部分：通过分离控制面与数据面，并对底层各类无线接入网络技术进行功能的虚拟化，就无须再额外部署用于对多种无线接入网络进行管理的物理设备，从而实现业务的动态、实时、自动编排。

目前的 4G 无线移动通信系统还无法向大量的终端及应用个性化、定制化地推送终端所需资源，想要实现这一目标，需要对海量场景信息进行自动、实时、智能的感知、分析与处理。情景感知技术可以使未来的移动通信系统在网络约束以及运营商策略的框架之内智能地响应业务应用的相关需求，实现所谓的"网络适应业务"，网络切片技术可以帮助实现这一目标（见图 16-3）。这对于现有的以"业务适应网络"为特征的 4G 网络而言，将是一个最好的改进方向。

当前绝大多数物联网环境仍基于中心化的分布式网络架构，边缘节点仍受核心节点能力的制约。通信网络向扁平化发展、通过增强边缘计算能力提升网络接入和服务能力已成为通信技术的发展趋势。

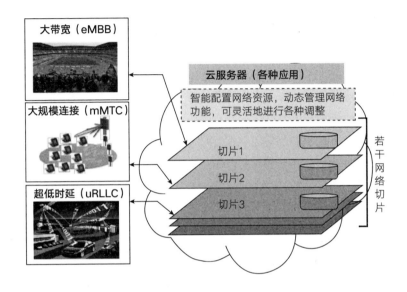

图 16-3　网络切片技术帮助实现 5G 三大应用场景

　　通信网络的扁平化，与区块链的去中心化有着天然的互补特性。利用区块链去中心化机制，可以把物联网的核心节点的能力下放到各个边缘节点，核心节点仅用于控制核心内容或备份相关数据，各边缘节点为各自区域内的设备服务，并可通过更加灵活的协作模式以及相关共识机制，完成原核心节点所承担的认证、账务控制等功能，保证网络安全、可信、稳定地运行。同时，计算和管理能力的下放，亦可增强物联网的网络扩展能力，支撑网络演进升级。通信运营商可以提升其通信网络的边缘节点的独立性与服务能力，并提升其与其他通信运营商通信网络的网间协作能力。不同通信运营商的边缘计算节点之间还可以相互协作，共同为用户提供通信服务。

此外，移动通信网络与终端在获得处理场景信息及情景感知信息（如业务消费地点、使用行为历史、用户个人偏好等）的能力之后，就可以进一步提升用户的使用体验。同时，未来的移动互联网将能主动、智能、及时地把最相关的信息推送给用户，而不是像现在这样，由用户主动向互联网发起信息检索请求，然后在信息的"海洋"中苦苦地选择自己感兴趣的内容。

在可预见的未来，当无线移动通信网络感知到所接入的终端设备是正处于游牧状态的无线传感器时，就会为其分配低成本的无线接入服务以及具有不支持活跃状态移动管理、低能耗等特性的业务，例如：低优先级、简单 IP 组网（比如虚拟专用网）的面向非连接的无线接入服务。

从数据安全到信任机制

5G 将使人与人、人与物、物与物之间的交易体量呈现几何式增长，不但放大了数据伪造、互不信任的消极影响，而且给现有的中心化职能平台、连接管理系统等带来了处理性能和多方协作方面的挑战。

5G 时代网络速度将大幅度提升，数据量也将随之急速增长，更多计算和存储任务将由智能终端和边缘计算节点来承担，这对数据安全提出了更高的要求。区块链的去中心化、对交易信息的保护、历史记录防篡改且可追溯等技术特性，天然适用于对数据安全要求严格的场景。

以区块链为代表的应用密码技术将为网络重构安全边界，建立设备间的信任域，实现安全可信互联。同时，终端去隐私化的关键行为信息上链后，即会分布式存储在区块链各节点中，保证了数据的完整性和可用性，促进构建智能协同的数据安全防护体系。终端数据分布式存储在区块链节点中，可以防止原中心数据库中的数据被篡改或被黑客盗窃，甚至被中心数据库管理者利用以非法牟利等情况的发生。

区块链基于非对称加密技术、隐私计算等多种安全手段，有助于保护交易隐私性、追溯历史记录，并让整个物联网系统更加安全和鲁棒，从而为5G 时代万物智联的隐私安全提供充足保障，这主要表现在面向个人的数字身份认证与面向物联网设备的数字身份认证两个方面。

● **面向个人的数字身份认证**

随着 5G 技术在智慧城市、智能交通、移动医疗等垂直应用场景的应用，每个设备都将被赋予一个安全的数字身份，并且可被验证，这就是 5G 时代面向个人的数字身份认证，基于该可信身份的所有信息和行为，都可以被验证和追溯。

身份认证技术的发展，经历了从软件认证到硬件认证、从单因子认证到双因子认证、从静态认证到动态认证的演变过程，现在又要经历从中心化认证到区块链去中心化认证的演变过程（见图 16-4）。

图 16-4　5G 时代的身份认证

　　在区块链的数字认证方案中，借助非对称加密技术，私钥拥有者可以推导出相应的地址，作为身份的唯一标识符，进而将身份属性通过智能合约进行关联。用户可以选择性地公开身份数据，也可对第三方进行授权使用，同时因为区块链去中心化的特性，通信服务商之间不必维护用户身份信息的存储，统一从区块链中以公开或授权的方式获得相关信息即可。

　　采用此方案，通过多方参与的区块链技术，可实现通信运营商之间的合作，保护个人隐私数据不被泄露或盗取，解决了用户身份数据使用的合法性和合规性问题。同时，结合通信运营商所具备的大量实名用户信息，基于手机号码和个人信息等进行身份验证，可以为用户提供便捷、安全的身份认证服务（见图 16-5）。

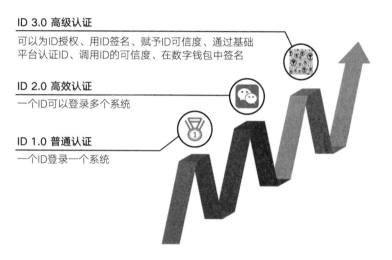

ID 3.0 高级认证
可以为ID授权、用ID签名、赋予ID可信度、通过基础平台认证ID、调用ID的可信度、在数字钱包中签名

ID 2.0 高效认证
一个ID可以登录多个系统

ID 1.0 普通认证
一个ID登录一个系统

图 16-5 身份认证技术的演变

● 面向物联网设备的数字身份认证

随着 5G 和物联网技术的发展，通信运营商面对的网络架构将会不断优化，设备连接数、业务规模将呈现爆发式增长。同时，通信运营商将面对更多的产业合作方，区块链技术可以为其提供有效的信息安全保障，进而加强安全的互信合作和对海量物联网设备的安全管理能力。

　　用户还可以使用区块链的加密技术和安全算法来保护身份信息。每个设备都有自己的区块链地址，可以根据特定的地址进行注册，从而保护其身份信息不受其他设备的影响。

　　数字身份是指将用户或物联网设备的真实身份信息浓缩后的、具有唯一性的数字代码，是一种可查询、识别和认证的数字标签。数字身份在物联网环境中具有代表身份的重要作用，利用区块链技术，可以使用加密技术和安全算法来保护数字身份，从而构建物联网环境下更加安全便捷的数字身份认证系统。数字身份在上链之前需要通过认证机构（如，政府、企业等）的认证与信用背书；上链之后，基于区块链的数字身份认证系统将保障数字身份信息的真实性，并提供可信的认证服务。

　　根据物联网设备的数据处理能力和网络访问能力，可以把物联网设备粗略地划分为全功能物联网设备和能力受限物联网设备。其中，全功能物联网设备可以直接连接到区块链，并参与区块链上的交互与协作。

　　物联网设备在启动时或状态发生变化时，可以注册到区块链或者更新区块链上的信息。物联网设备或其运营者与管理者可以在区块链上部署智能合约，例如，关于物联网设备的注册、更新、认证、访问、数据处理等智能合约。

物联网业务通过区块链，可以查找到物联网设备的注册信息、访问信息等。对于作为区块链的组成部分的全功能物联网设备来说，物联网业务可以通过执行相关智能合约来与其直接交互，而能力受限的物联网设备则通过物联网网关与区块链间接连接，此时，物联网业务可以通过相应的物联网网关来间接地与物联网设备交互。

17

5G + 区块链 = 互链互融

5G 与区块链的融合，可以提供高效、安全和快速的服务体验。5G 和区块链技术呈现出相辅相成的关系，5G 为高效率的数字化经济提供支撑，而区块链为数字化经济提供安全和信任保障。5G 为区块链提供坚实的网络基础，区块链则协助 5G 解决其底层通信协议的部分短板，比如隐私保护、数据安全、信任等对 5G 时代信息技术发展有重要影响的方面。

5G 和区块链相辅相成、密不可分。互联网 TCP/IP 协议让我们进入了信息自由传递的时代，区块链的创新将把我们带入信息的自由公证时代。在不久的将来，5G 和区块链将协同推动贸易金融、智慧城市、物联网等领域的发展，有着广阔的发展前景。

从物联网安全到隐私保护

5G 网络作为当前国内外运营商着力建设的移动通信网络，理论传输速度可达 20 Gbps。2020 年，已有超过 500 亿部移动设备和物联网设备连接到 5G 网络。

物联网近年来的发展已经渐成规模，但在长期发展演进过程中也仍然存在许多需要攻克的难题。

- **在设备安全方面：** 设备之间缺乏相互信任的机制，所有的设备都需要和物联网中心的数据进行核对，一旦数据库崩塌，会对整个物联网造成很大的破坏。

- **在个人隐私方面：** 中心化的管理架构无法自证清白，个人隐私数据被泄露的事件时有发生。

- **在扩展能力方面：** 目前的物联网数据流都汇总到单一的中心控制系统，未来物联网设备数量将呈几何级数增长，中心化服务的成本将变得难以负担，物联网的网络与业务平台需要新型的系统扩展方案。

- **在通信协作方面：** 全球物联网平台缺少统一的技术标准和接口，使得多个物联网设备彼此之间通信受到阻碍，并导致多个竞争性的标准和平台共存的局面，这降低了整体效率。

● **在网间协作方面：** 目前，很多物联网都是运营商、企业内部的自组织网络。所以，当涉及多个运营商、对等主体之间的协作时，建立信用的成本很高。

区块链凭借"不可篡改""共识机制""去中心化"等特性，将对 5G 时代的万物互联产生重要的影响，概括如下（见图 17-1）：

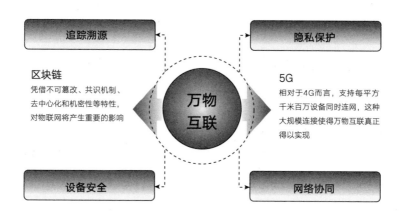

图 17-1　万物互联的保障条件

● **隐私保护：** 区块链中所有传输的数据都经过加密处理，用户的数据和隐私将更加安全。物联网时代人与物、物与物的连接数呈爆发式增长，使得数据规模急剧攀升，数据管理过程中相关信息的确权、追溯、保护等工作面临全新挑战。为应对这些挑战，可利用区块链技术进行数据存储管理，解决传统数据存储模式存在的问题，同时，也可使用区块链平台来提供数据交易和交易确权服务。

物联网业务和物联网设备都可以通过智能合约来存储和访问数据。由于区块链可以设置数据安全与隐私保护策略，使得只有获得约定许可的物联网业务和物联网设备才可以访问和处理约定的数据，而对于未获许可的物联网设备和物联网业务来说，按区块链的策略，它们全部（或部分）对存储加密的物联网数据进行存储，但无权对其解密和使用。

- **设备安全：** 身份权限管理和多方共识有助于识别非法节点，及时阻止恶意节点的接入和破坏，由于成本和管理等方面的因素，大量物联网设备尚缺乏有效的安全保护机制。例如，家庭摄像头、智能灯、路灯监视器等。这些物联网设备容易被黑客攻击，被攻击的物联网设备经常被恶意软件肆意控制，并对特定的网络进行分布式拒绝服务攻击（DDoS）。为了解决这类问题，需要找出被劫持的物联网设备，并禁止其连接到通信网络。

- **追踪溯源：** 数据只要被写入区块链就难以被篡改，依托链式的结构有助于构建"可证可溯"的电子证据存证。依靠区块链的分布式账本结构，数据交易流通记录能够做到公开透明、不被篡改和可追溯，充分反映流通各环节状况，建立数据流通各链条之间的信任关系。基于共识机制，在数据资源产生或流通之前，将确权信息和数据资源有效绑定并登记存储，使全网节点可同时验证确权信息的有效性，并以此明确数据资产的权利所属人。通过数据确权建立全新、可信赖的大数据权益体系，为数据交易、公共数据共享、个人数据保护等提供技术支撑，同时为维护数据主权提供有力保障。

● **网络协同：** 为适应 5G 和物联网的快速发展，面对更多的产业合作方，都需要通过技术手段加强安全的互信合作。公钥基础设施（PKI）是一种建立互信的重要技术手段，是对内优化流程、对外优化协作的安全方案平台。随着互联网与通信技术的发展，PKI 体系在移动通信、物联网、车联网等场景中的应用越来越多，但与此同时，PKI 体系在使用的便捷性和互联互通等方面产生了一些新的问题。区块链技术的去中心化、防篡改、多方维护等特点有助于打破物联网现存的多个信息孤岛桎梏，以低成本建立互信，可帮助 PKI 体系更加透明可信，促进数据流通、信息同步、广泛参与和流程优化。

从吃住行到健康管理

区块链为 5G 时代万物智联的价值流转奠定了信任基石。5G 将催生零边际成本的共享经济业态，区块链则有助于实现物理空间资产的确权，并在此基础上敏感地计量共享经济价格，让使用权益无摩擦地高速流转，以科技加金融的力量促进万物价值的流转。

● **食品药品更安全**

传统的产品溯源是利用传感器采集信息，通过人工的方式做格式化处理，并填写到溯源系统。以这样的方式得到的信息既不完整，也不一定真实，同时由于技术的限制，溯源信息比较单一，速度和效能也会受到制约。在 5G 时代，产品的溯源信息除了结构化的文本，还可以是图片、视频等。

以农产品为例，溯源监控节点可完全覆盖产品的生长、用药和栽培过程，以及肥料使用方法、光照情况等，同时采集产品打包、流通、消费等各个关键节点的数据，并通过 5G 高速率、低时延、广连接的能力，实时完整地记录下来。多参与方通过 5G 高效的数据采集模式把数据上传到溯源区块链中，向消费者或第三方系统提供产品完整、真实、不可篡改的溯源数据服务（见图17-2）。

5G 可保障溯源数据传输的完整、全面、快速，区块链可保障溯源数据的可信任，5G 与区块链的融合将促进溯源产业的快速发展。

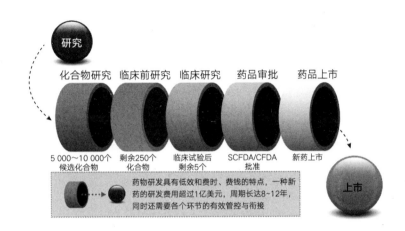

图 17-2 医药溯源链

利用区块链的不可篡改、数据完整追溯特性以及时间戳功能
建立产品溯源平台，可以为食品、药品、艺术品、收藏品、奢侈
品等商品，提供防伪溯源服务。比较典型的应用有：

商品防伪溯源： 运用区块链搭建防伪溯源开放平台，可通过
联盟链的方式，实现线上、线下零售商品的身份认证、流转追溯
与交易记录等，从而更有效地保护品牌和消费者的权益，帮助消
费者提升购物体验。

食品溯源： 通过区块链与物联网的结合，使整个食品供应链
都有证可查，每一个环节都能追根溯源，从而提高食品的安全性，

提升食品供应链的透明度，保障食品安全。

医药溯源： 区块链的可追溯能力和去中心化特性可应用在医药的交易、流转及溯源等方面，用于建立药品需求预测化、采购流程简洁化、库存容量合理化、物流运输高效化的医药行业体系，解决供应链上下游之间的信息不对称难题。

● 居住城市更安全

智慧城市监控是区块链在智慧城市中的一个典型应用。视频监控涵盖了智慧城市建设主要的数据传输环节，同时也是整个安防领域中最核心的环节。随着 5G 不断地深入融合到整个安防产业中，大量安全警报器、传感器和摄像头的部署势在必行。为了保证监控数据传输的安全，监控设备之间可以建立区块链，保证所有上传数据的真实性。同时，5G 带来的更高清的画面，更丰富的视频细节，能够显著提高监控视频的分析价值。

智慧城市拥有巨大的产业范畴，包括智慧政务、智慧环保、智慧安防等大量应用场景，这些应用场景的实现依靠大量高新技术，包括云计算、大数据、物联网、区块链、人工智能、5G 等，这些技术相互贯通、相互配合，共同推动智慧城市的建设。目前智慧城市正处于数字化转型的关键时期，大量基础设施正在建设中，如何将这些基础设施互相连接，并实现数据共享，是智慧城市面临的重要问题。

在当前的智慧城市建设中，物联网技术已经被广泛地使用，例如常见的公共交通、下水道井盖、城市街道照明、智能水表 / 电表 / 燃气表等设备，都是通过传感器的监控来收集和传输数据，而未来会有更多个人的以及公共设施的设备数据会被自动采集，并被广泛使用，而这些数据在传输和使用过程中，面临的数据信息安全方面的问题，将随着区块链技术的应用而得以解决。

区块链可以为跨层级、跨部门的数据互联互通提供安全可信任的环境，技术上允许政府部门对访问方和访问数据进行自主授权，并对数据调用行为进行记录，出现数据泄露事件时还能够准确定位责任方，可大幅降低智慧城市数据使用和共享方面的安全性风险。

5G 和区块链的融合将为智慧城市带来全新变革，改善我们的生活体验。

● 交通出行更方便

随着 5G 时代的到来，传统汽车行业也在逐步互联网化——车联网。但是，目前车联网仍然存在一些问题，主要包括：车联网系统的数据量庞大、存在安全隐患、缺乏可靠的"大脑"来实时处理大量数据等。借助 5G 技术的蓬勃发展，车联网面临的困难也将一步步得到解决。

利用 5G 高速率、低时延、广连接的能力，连网车辆不仅可以帮助实现车辆间关于位置、速度、行驶方向和行驶意图等的实时沟通，更可以利用路边设施辅助连网车辆对环境进行感知。但是，5G 仍然无法解决系统安全方面的隐患，此时需要结合区块链技术。区块链将车、人、服务商都引入链中，通过其不可篡改的特性，保障了数据信息的安全，链中的用户能够共享由区块链保障的数据信息，从而提高驾驶的安全性和服务商管理的效率。

车联网是 5G、物联网技术对交通行业颠覆性改变的产物，通过整合人、车、路、周围环境等相关信息，为人们提供一体化服务。5G 的高速率、低时延、高可靠、广连接等优势，有效地提升了整个系统对车联网信息及时准确的采集、处理、传播、利用能力，有助于车与车、车与人、车与路的信息互通与高效协同，有助于消除车联网安全风险，推动车联网产业快速发展。

车联网中的 V2V（Vehicle-to-Vehicle，车辆到车辆）通信就是典型的物联网增强的 D2D 通信应用场景（见图 17-3）。基于终端直通的 D2D 通信技术由于在通信时延、邻近发现等方面的特性，使得其应用于车联网车辆安全领域具有先天优势。

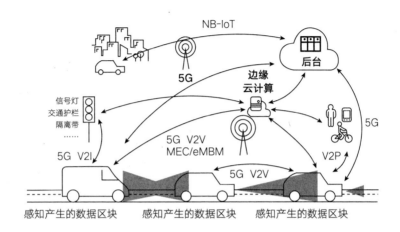

图 17-3 智能出行链

V2V 通信必须实时进行，因为毫秒之间就可能会出现近距离呼叫或致命碰撞，5G 网络可以通过其高可靠性和低时延来实现这种高速互连需求；车辆在彼此之间传输大量数据而没有任何滞后。5G 还可以在车辆与基础设施的通信（V2I）中发挥关键作用。V2I 通信将车辆与交通信号灯、公交车站甚至公路本身等基础设施连接起来，这不但可以改善交通流量、减少外部危险因素，还可以提升车辆反应速度、提高公共交通效率。

● **健康管理更精准**

区块链与医疗保健领域的结合，特别是对电子医疗数据的处理，是当前区块链应用的重要研究热点之一。医疗数据有效共享可提升整体医疗水平，同时降低患者的就医成本。

医疗数据共享是一个敏感话题，也是医疗行业应用发展的痛点和关键难题，这主要源于患者对个人敏感信息的隐私保护需求。

区块链可以为解决医疗数据共享难题提供潜在的解决方案。患者在不同医疗机构之间的历史就医记录可以上传到区块链平台上，不同的数据提供者可以授权平台上的用户在其允许的渠道上对数据进行授权访问，这样既降低了运营成本也解决了信任问题。

区块链在医疗保健领域的一个比较典型的应用是慢性病管理。医疗监管机构、医疗机构、第三方服务提供者及患者本人均能够在一个受保护的生态中共享与疾病有关的敏感信息，协调落实一体化慢性病干预机制，使疾病得到有效治疗（见图17-4）。

赛跑链（CCPT）系统是基于椭圆曲线密码编码学（Elliptic Curves Cryptography，ECC）加解密算法的区块链底层操作系统。已在20多个医院系统中应用的赛跑链及其侧链，通过区块链的去中心化、防篡改、可追溯等特性来解决信任问题。例如，"护士＋医院共享智能陪护系统"是一款以区块链为底层技术支撑的企业级合同和医院数据综合管理平台，通过区块链来实现信息的传递，解决信息孤岛的问题；通过智能合约，实现信息生成、执行管理的智化；同时基于区块链安全透明、不可篡改的特性，为患者的数据安全以及相关的合法权利提供强力保护。

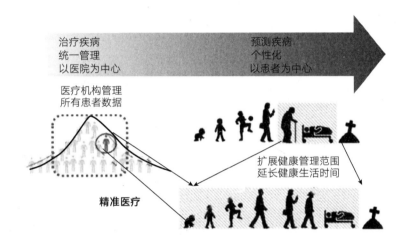

治疗疾病
统一管理
以医院为中心

预测疾病
个性化
以患者为中心

医疗机构管理
所有患者数据

扩展健康管理范围
延长健康生活时间

精准医疗

图 17-4　健康管理的未来趋势

● 患者在申请身份证明书之后在链上同步生成查询记录，可以通过流水号来实时查询自己的住院、开药记录。

● 不同医院部门之间依靠节点设置，共同完成对系统数据的监控，并以链上数据作为工作流程的记录和证明。

● 系统本身具有高度可扩展性，针对患者就医以及其他多部门协同的医院系统，可以做到便捷扩展。这也为跨部门、跨省市信息的整合提供了一种可行的方案（见图17-5）。

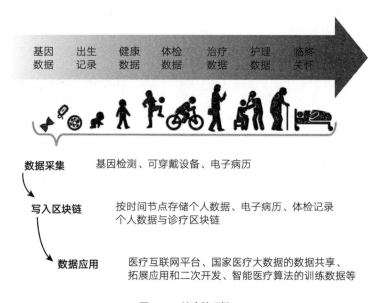

基因   出生   健康   体检   治疗   护理   临终
数据   记录   数据   数据   数据   数据   关怀

数据采集   基因检测、可穿戴设备、电子病历

写入区块链   按时间节点存储个人数据、电子病历、体检记录
个人数据与诊疗区块链

数据应用   医疗互联网平台、国家医疗大数据的数据共享、
拓展应用和二次开发、智能医疗算法的训练数据等

图17-5 健康管理链

从生产物流到商贸供应链

如果在生产过程中时延过长，或者控制信息在数据传送时出现错误，就易导致生产过程中断，造成巨大的财务损失。据统计，工业系统通信的时延需要达到毫秒级别甚至更低才能保证控制系统实现精确控制。5G具有的低

时延、高可靠、海量连接的特性，可以将生产时延降到毫秒级别。此外，区块链也可以帮助工业通信系统提高工作效率。区块链特有的点对点通信和去中心化协作机制，可以让智能制造中的各种请求不必从中心系统一层层向外传递，从而提高工作效率。

制造业整体上是由信息流牵引实物流，但产业环节之间的信息很难隔环共享，这让实物流动过程产生很大的"摩擦力"，而区块链可以从以下三个方面改善这一问题：

- 首先，区块链有助于大幅降低产业链各环节之间的交易成本，使信息流动更充分、实物流动更快捷。

- 其次，区块链可以做到实物信息的全链条透明，使物品可溯源。

- 最后，借助区块链的智能合约，产业主体之间的交易即可实现自动化，生产和交易的效率也将得以提升。

当然，制造业环节众多，参与主体复杂，所以需要多主体联动，也就是必须依赖共识机制，才能让生产制造与区块链的融合成为可能。

在传统的工业生产中，产品的质量检验一般都是产品生产完成之后，由相关工作人员对产品进行数据检测，但是利用 5G 网络的大宽带、低时延特性，工程师可以对工厂中车间、机床等的运行数据进行实时采集，并利用边缘计算等技术，在终端侧直接进行数据处理。在智慧工厂中还可以引入区块链技术，终端之间可以直接进行数据交互，而不需要经过云中心，进而实现去中心化操作，提高生产效率。

　　5G 保障对整个产品生命周期的全连接。智慧工厂中所有智能单元均可基于 5G 无线组网，生产流程和智能装备的组合可快速、灵活调整，以适应市场的变化和客户需求越来越个性化、定制化的趋势。智慧工厂从需求端的客户个性化需求、行业的需求趋势，到工厂交付能力、不同工厂间的协作，再到物流、供应链、产品及服务交付，最终形成端到端的闭环。区块链技术的融入，将有利于提升智慧工厂的生产效率，并节约生产成本（见图17-6）。

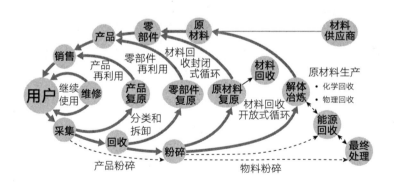

图17-6　产品全生命周期管理链

供应链是一个由物流、信息流、资金流等要素共同组成的复杂体系，连接各行业的供应商、制造商、分销商、零售商及用户。未来，物联网中将存在数量庞大的供应链，如何有效管理供应链，建立数据透明、通信流畅、责任明确的信息传递机制是提升供应链效率的关键。

区块链技术作为一种适用于规模化生产的协作工具，可用于物联网供应链管理：其去中心化特性能使数据在交易各方之间公开透明，保证信息流的完整与流畅，这可确保参与各方能及时发现供应链系统运行过程中存在的问题，并找到应对问题的方法；其数据不可篡改性和时间戳的存在能很好地应用于解决供应链体系内各参与主体之间的纠纷，实现有效举证与追责；其可追溯性可协助去除供应链内产品流转过程中的假冒伪劣问题。

例如，针对供应链建立一个联盟链，这个联盟链可以包括原材料供应商、生产厂商、分销商、用户等所有参与者，链上的所有参与者都是联盟链的会员，并以会员的形式开展活动，会员之间是相互信任的，可以直接进行点对点的交易，取消了传统的中心企业转发和处理的过程，减轻了企业承担的风险。区块链可以通过发挥其数据追溯审核、数据真实、快速反应、链上成员管理、资产数字化、流程智能化等特性来赋能供应链管理和供应链金融。5G 则为联盟链提供网络支持，帮助核心企业实时动态了解链上各项业务活动，对有关事项及突发事件及时处置，同时评估链上企业的行为。

近 10 年来，电子商务、新零售、用户直连制造（C2M）等新型商业模式快速发展，同时消费者需求也从单一化、标准化向差异化、个性化转变，这些变化对物流服务提出了更高的要求。

电子商务快速发展带动物流、快递行业从 2007 年开始连续 10 多年保持每年 50% 左右的高速增长。2019 年 12 月 16 日上午，国家邮政局邮政业安全监管信息系统实时监测数据显示，我国快递业 2019 年第 600 亿件快件诞生，它是山西的一位消费者从韩国购买的商品，由圆通速递从天津保税区揽收。这标志着我国快递年业务量迈入"600 亿 +"时代，是快递发展史上又一座里程碑。

2018 年"双 11"期间包裹数量超过 10 亿，阿里巴巴研究院预计 2020 年网络零售总额将超过 10 万亿元人民币。随着阿里巴巴倡导的"新零售"的兴起，企业以互联网为依托，将大数据、人工智能等先进技术手段，与线上服务、线下体验以及现代物流行业进行深度融合。在这一模式下，企业将产生诸多智能物流需求，如利用消费者数据合理优化库存布局，实现零库存，利用高效网络妥善解决可能产生的逆向物流等。

随着用户直连制造商业模式的兴起，用户需求驱动生产制造，去除所有中间流通加价环节，连接设计师、制造商，为用户直接提供顶级品质、平民价格、个性且专属的商品。在这一模式下，消费者诉求将直达制造商，个性化定制将成为潮流，同时也对物流的及时响应、定制化匹配能力提出更高的要求。

爆发式增长的业务量将驱动物流行业提高包裹处理效率并降低配送成

本。在 5G 时代，物流行业将与人工智能结合形成"智能物流"，这将改变物流行业现有的市场环境与业务流程，并将涌现一批新的物流模式和业态，如货运动态匹配、运力动态调度等。基础运输条件的完善以及智能化的进一步提升将激发多式联运模式的快速发展。新的运输运作模式正在形成，与之相适应的智能配货调度体系也将得到快速发展。

尽管 5G 低时延和广连接特性让车、仓、人、货之间互联互通，实现更高效的互动。但是，如何保证车、仓、人、货之间的安全协作仍然是亟待解决的问题。区块链不可篡改特性可以保证链中数据的安全，通过引入区块链技术，将会极大地促进 5G 智能物流的稳定、健康发展（见图 17-7）。

区块链在物流和物流金融领域的应用，是当前的一个研究和应用热点。区块链的数字签名和加解密机制，可以充分保证物流信息安全以及寄、收件人的隐私，而区块链的智能合约与金融服务相融合，则可简化物流程序、提升物流效率。

基于区块链的物流与快递是一个比较典型的物联网区块链应用。在快递交接过程中，交接双方需通过私钥签名完成相关流程，货物是否已签收或交付只需要在区块链中查询即可，在用户没有最终确认收到快递前，区块链中就不会有快递签收的相关记录，此机制可有效杜绝快递签名伪造、货物冒领和误领等问题。同时，区块链的隐私保护机制可隐藏收、发件人实名信息，从而有效地保障用户的信息安全。

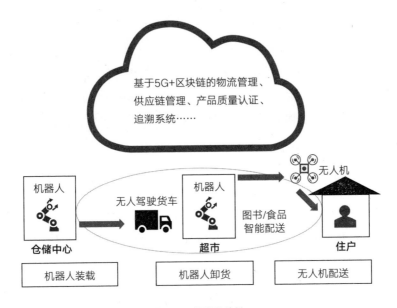

图 17-7　智能物流链

此外，由于区块链具有不可篡改、不可删除、可追溯等特性，因而可以为政府的智慧政务提供可信的数据互通能力。在叠加了 5G 技术之后，可以大大提升数据互通互信的效率，同时更多的新业务形态将会为政务服务工作提供更加丰富的体验。

比如，在对政务高效远程审批的支持方面：通过 5G 信号部署、5G 实时转播，利用 5G 终端开展高精度信息采样和大数据智能分析；结合区块链不可篡改特性保证数据传输的安全；通过智能合约，实现政务远程高效审批，节省大量时间和人力。

再比如，为了消除腐败和选票欺诈，可以考虑将 5G 和区块链技术应用在电子投票系统中。税务部门、工商管理部门等都可以利用 5G + 区块链技术，快速审核票据、登记信息的准确性，避免作假行为的发生，为公司信用提供保障。

在未来，更多的政务数据信息将以视频或 AR/VR 影像呈现，新型的、立体化的市民政务服务、应急指挥调度、政府数据展示等将出现在政府服务中，区块链在这些场景中能够提供身份识别、过程信息不可篡改、事后可追溯等功能，为 5G 场景下的智慧政务提供更加可靠、可信的解决方案。

物联网的快速发展也推动了支付方式的创新，未来的支付方式及支付平台也必然会和物联网有更深层次的结合，"互联网支付"势必会升级到"物联网支付"。现有的系统架构和中心化的商业运作模式将无法支撑物联网时代数据的指数级增长，同时各行业以及设备的数据结构的不一致性、数据信息不联通、数据被恶意篡改、终端数据的隐私保密性等问题，也会进一步阻碍物联网支付的发展。

客户隐私和数据安全是未来最重要的两个课题，物物之间支付所产生的海量数据处理和账务处理需求，再加上对网络低时延的需求，未来的技术必然是分布式的。区块链的分布式存储、分布式计算、内容分发等技术是处理正以指数级增长的数据的必然选择。区块链具有的可溯源、防篡改、数据保护、安全控制等特性，可以提升支付的信用等级。目前，区块链在物联网支付领域比较典型的应用是：利用区块链技术，为现有的物联网行业提供一种人对机器或者机器对机器的支付解决方案，并据此建立基于区块链的微支付体系，实现对物联网设备的实时接入支付，有效促进物联网数据的交易与流通。

5G 不仅服务于移动通信本身，还将渗透到未来社会的各个领域。区块链依据其特性在社会系统中建立信任也只是技术层面的原理，而事实上，区块链是一种赋能型技术，可以帮助组织建立信任、分配资源，实现跨组织协作，所以它对各行各业都会产生极为深远的影响。

5G＋区块链将彻底改变人们的生产、工作和生活方式，为未来经济和社会的发展带来无限生机。

部分小结 5G+ 区块链共同驱动的六大未来场景

1. 未来的一切都可以被追溯

随着 5G 技术在智慧城市、智能交通、移动医疗等垂直应用场景的应用，每个设备都将被赋予一个安全的数字身份，并且可被验证，基于该可信身份的所有信息和行为，都可以被验证和追溯。

2. 未来的食品药品更安全

首先，运用区块链搭建防伪溯源开放平台，可以实现线上、线下零售商品的身份认证、流转追溯与交易记录等，从而更有效地保护品牌和消费者的权益，帮助消费者提升购物体验。其次，通过区块链与物联网的结合，整个食品供应链都有证可查，每一个环节都能追根溯源，从而加强食品的安全性。最后，区块链的可追溯能力和去中心化特性可应用在医药的交易、运输及溯源等方面，用于建立药品需求可预测、采购流程简洁化、库存容量合理化、物流运输高效化的医药行业体系。

3. 未来的居住城市更安全

智慧城市监控是区块链在智慧城市中的一个典型应用。随着 5G 不断地深入融合到整个安防产业当中，大量安全警报器、传感器和摄像头的部署势在必行。为了保证监控数据传输的安全，监控设备之间可以建立区块链，保证所有上传数据的真实性。同时，结合 5G 带来的更高清的画面，更丰富的视频细节，能够显著提高监控视频的分析价值。

4. 未来的交通出行更方便

随着 5G 时代的到来，传统汽车行业也在逐步互联网化——车联网。但是，目前车联网仍然存在一些问题，主要包括：车联网系统的数据量庞大、存在安全隐患、缺乏可靠的"大脑"来实时处理大量数据等。借助 5G 技术的蓬勃发展，车联网面临的困难也将一步步得到解决。

5. 未来的健康管理更精准

区块链可以为解决医疗数据共享难题提供潜在的解决方案。患者在不同医疗机构之间的历史就医记录可以上传到区块链平台上，不同的数据提供者可以授权平台上的用户在其允许的渠道上对数据进行授权访问，这样既降低了运营成本也解决了信任问题。

6. 未来的支付方式更快捷

物联网的快速发展也推动了支付方式的创新，未来的支付方式及支付平台也必然会和物联网有更深层次的结合，"互联网支付"势必会升级到"物联网支付"。

新基建，从信息高速公路到
"信任高速公路"

当你拿着智能手机打电话、上网时，当你打开电脑时，不知道你有没有意识到，这些现象背后都隐含一个你不得不承认的现实：美国现在仍是信息技术领域的佼佼者。

这一切，要源于美国克林顿政府时期的信息高速公路战略。1993 年 9 月，比尔·克林顿就任美国总统后不久，便正式推出跨世纪的"国家信息基础设施"（National Information Infrastructure，NII）工程计划。该计划在世界范围内产生了极为广泛且深远的影响，同时，也造就了美国信息经济日后的辉煌。人们通常将美国国家信息基础设施战略通俗地称为"信息

高速公路"战略，受惠于此战略，美国经济在 20 世纪 90 年代中后期出现
了历史上罕见的长期繁荣，不仅促进了就业，而且使美国的经济获得了长足
的发展。

信息高速公路战略出台背景

20 世纪 90 年代，全球信息产业发展迅猛。世界经济结构正从物质型向
信息型、从本土化向全球化的方向发展，社会生产活动和人们的日常生活对
信息服务提出了日益多样化的需求。

在信息技术高度发达的美国，人们对信息技术促进经济发展的作用认识
得也最为清楚。1992 年，克林顿在其竞选文件《复兴美国的设想》中指出：
"20 世纪 50 年代在全美建立的高速公路网，使美国在其后的 20 年取得了
前所未有的发展。为了使美国再度繁荣，就要建设 21 世纪的'道路'，它
将使美国人得到就业机会，也将使美国经济高速增长。"这里所说的 21 世
纪的"道路"，就是指信息高速公路。

克林顿政府一直支持发展信息产业，特别致力于因特网的改进和普及，
并提出了一系列措施，使美国经济持续增长，各项经济指标表现良好：失业
率和通货膨胀一直处于比较低的水平。

● **社会经济发展需要信息高速公路**

　　根据经济学的相关理论，大型科技发展计划可以改造传统产业、触发新技术革命、催生新兴产业、促进民间投资，进而达到刺激经济增长、增加社会就业的目的。同时，研究与开发的过程又可以带来许多科技副产品，因此具有较高的经济和社会效益。这是信息高速公路必然出现的社会根源和经济根源。

　　19 世纪跨越全美的铁路建设、20 世纪 50 年代的高速公路网建设，美国都是将其作为抑制萧条、刺激经济增长的战略举措。信息高速公路的建设，同样也被克林顿政府提高到战略高度，而不是被看作计算机行业或电信行业等个别行业的事。克林顿政府将国家信息基础设施作为美国未来新型社会资本的核心，把研究和建设信息高速公路作为美国科技战略的关键部分和国家最优先的任务。在当时特定的时代背景下，克林顿政府选择建设信息高速公路来刺激国内经济发展、增加就业机会，有力地保持了美国在重大关键技术领域的国际领先地位。

● **信息技术的成熟催生信息高速公路**

　　当时，在美国的电信市场中，电话业务已日趋饱和，但由于数据库、计算机网络、有线电视以及多媒体终端技术的迅速普及与应用，一些非电话业务（如数据通信、图像传输等）的业务量正在逐年增加。电信业务格局上的这一明显变化，使发展信息高速公路的需求变得日益迫切。

　　此外，计算机技术与通信技术的结合，特别是光纤传输与 ATM 交换技术的迅速发展，使得信息高速公路的实现成为可能。

信息高速公路战略的主要内容

　　美国信息高速公路战略的主要内容为：计划用 20 年时间，投资 4 000 亿美元，逐步将电信光缆铺设到所有家庭。1994 年，美国政府提出建设"全球信息基础设施"的倡议，旨在通过卫星通信和电信光缆连通全球信息网络，形成信息共享的竞争机制，全面推动世界经济的持续发展。信息高速公路是一个前所未有的电子通信网络，四通八达，将所有人都连在一起，可以提供远距离的银行业务、教学、购物、纳税、聊天、游戏、电视会议、点播电影、医疗诊断等服务。

　　信息高速公路战略的内容十分丰富，具体包含以下方面：

● 综合与集成各种信息网络

　　信息高速公路首先是一个网络，如果没有了网络，就不可能将分散在各地的信息设备连接起来，也就无法共享信息。但信息高速公路不是单一结构的网络，而是"网络之网络"，它是全部现有的和将来的、公有的和专有的、政府的和企业的、窄带的和宽带的、高速交互式的网络的综合与集成。

● 囊括各种通信技术

信息高速公路包括了各种通信技术，如卫星通信、有线通信、无线通信和移动通信等，通过这些通信技术，才有可能将信息传送到各个家庭、企业和政府机构。

● 包含各种形式的信息

信息高速公路包含了大量的信息，信息以数据库、文字、图形、图像、声音、文本、文件等各种形式呈现，这些不同种类的信息都可以在信息高速公路上被存储和传送。

● 包含各种形式的信息设备

计算机、电话机、电视机、无线电相关设备及其他信息设备是信息高速公路的工具，通过这些工具，人们才有可能对各种信息进行处理。

● 包含各种信息行业工作人员和用户

信息高速公路上的信息行业工作人员负责提供信息、管理信息并对硬件进行维护，以使信息高速公路有序、畅通，另外，用户也是信息高速公路中不可缺少的一环。

对经济的带动意义

信息高速公路的建设对社会经济也会产生巨大的影响。美国的经济在20 世纪 90 年代中后期出现的历史上罕见的长期繁荣，就受惠于"信息高速公路"这一战略的远见卓识。

- **首先，信息高速公路为宏观经济信息的采集、传输、存储、共享、处理和综合分析，提供了全新的技术可能性。**通过对信息及时、准确、全面和科学的分析，也促进了产业结构的合理调整，极大地增强了国家的整体经济实力。

- **其次，信息高速公路能促进企业的科学管理，**特别是促进企业全面采集信息，在拥有大量信息的基础上进行管理与决策，提高劳动生产率。信息高速公路建成后，企业劳动生产率得以提高 20%～40%。

- **再次，信息高速公路增加了贸易机会。**便利的通信与便利的交通一样，终将给世界各国带来更多的贸易机会。此外，信息高速公路还将推动相关制造业和服务业的发展，从而提供大量的就业机会。

众所周知，美国是当今世界信息技术最大的生产国和消费国。美国的一些著名企业引领着计算机和通信领域的发展潮流，强大的半导体、微处理器和其他通信设备的制造能力，构成了美国信息技术产业的基础架构。

美国信息产业基础设施的完善，带动了相应的信息服务业的发展，随着网络技术的成熟和因特网的扩展，电子商务和电子交易等概念早已在各种商业活动中得到广泛运用。

在这种环境下，美国信息服务业通过为客户提供各种增值服务，以及通过各种技术手段改善企业的运作方式，降低了成本，提高了市场竞争力。

目前，美国的金融、商业、能源、交通、制造业的日常业务都是通过先进的计算机系统和通信网络来完成的，随着新技术的不断涌现和竞争的加剧，整个社会对信息技术的依赖将会越来越强烈。可以说，美国信息服务业的发展带动了美国国民经济的全面发展。

据统计，信息高速公路战略实施的 20 年，信息服务业在美国所创造的价值，远远超过美国汽车工业 100 年所创造的价值总和。

战略的交接与延伸

如今，信息高速公路战略已提出近 30 年，这一战略已经为美国创造了巨大的经济和社会效益。那么，哪个国家能复制信息高速公路战略的奇迹呢？

● 中国"新基建"

2020 年 3 月 4 日，中共中央政治局常务委员会召开的会议上提出，要加快推进国家规划已明确的重大工程和基础设施建设，特别是要加快 5G 网络、数据中心等新型基础设施建设的进度。这短短的一句话，让新基建再次成为热点词汇。新基建是基础设施建设的一个相对概念。以往的基础设施建设，主要指的是铁路、公路、机场、港口、水利设施等建设项目，因此也被称为"铁公基"，在我国经济发展过程中发挥了重要作用。然而，在新的社会发展条件下，以"铁公基"为代表的传统基础设施建设已经无法满足要求，因此，新基建的概念应运而生。

新基建是指发力于科技端的基础设施建设，主要包含 5G 基建、特高压、城际高速铁路和城际轨道交通、新能源汽车充电桩、大数据中心、人工智能、工业互联网等七大领域，涉及通信、电力、交通、数字等多个关系国计民生的重点行业。

● 信任高速公路

5G 作为移动通信领域的重大变革点，是当前新基建的领衔领域，此前 5G 也已被视为"经济发展的新动能"。实际上，其他需要重点发展的各大新兴产业，如工业互联网、车联网、企业上云、人工智能、远程医疗等，均需要以 5G 作为产业支撑。同时，5G 本身的上下游产业链也非常广泛，直接延伸到了消费领域。所以，无论是未来的产业规模，还是对新兴产业的促进作用，5G

都是最值得期待的。

在当下的社会，信任的建立过程一直面临效率低下的困境，而区块链"贵"在信任，区块链 +5G 将实现"信任的速度"高速提升，开创"信任高速公路"时代。

区块链 RAMS 指标评测标准

区块链技术日益受到社会各界的认可与重视，区块链系统无疑将在各个领域开花结果，相关项目也逐渐受到世界各国投资者的青睐。然而，如何评测未来将大规模出现的区块链系统是否具备科技含量或优越性能呢？

区块链安全是一个系统工程，系统配置、用户权限、组件安全性、用户界面、网络入侵检测和防攻击能力等，最终都会影响区块链系统的安全性和可靠性。区块链系统在实际构建过程中，应当在满足用户要求的前提下，在安全性、系统构建成本以及易用性等维度，取得一个合理的平衡。

RAMS 管理，又称为系统保证管理。RAMS 是指可靠性（Reliability）、可用性（Availability）、可维修性（Maintainability）和安全性（Safety）。城市轨道交通设备的 RAMS 管理，主要是指在城市轨道交通工程设计和建造过程中，从运营角度出发，综合考虑运营的安全及效率需要而引入的系统保证。近年来，北京、上海、成都、苏州等城市在轨道交通设备建设中都引入了 RAMS 管理。

　　在区块链系统中运用 RAMS 指标评测标准，有助于提高区块链项目的质量及安全性。RAMS 指标评测标准在区块链系统的应用，主要是用于分析影响区块链的 RAMS 的因素以及在项目生命周期各阶段应采取的保证 RAMS 的措施。这一标准通过保证系统可靠性（防止各种故障发生）、提高系统可维修性来保障系统的可用性，并对可能危害安全的故障进行重点防范，以保证系统的安全性，最终得到一个高质量的区块链系统（见图 1）。

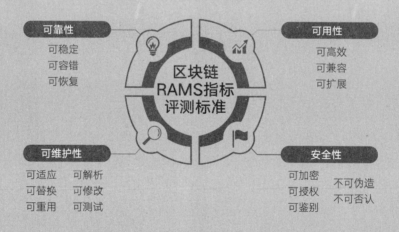

图 1　区块链系统的 RAMS 指标评测标准

　　本书作者系统地研究了适用于区块链系统的 RAMS 指标评测标准，供广大开发者、投资者和管理者参考（见表 1）。

表 1 区块链系统的 RAMS 指标评测标准

类别	指标项目	概要	技术特征	备注
可靠性	可稳定	通常运行操作下，保持系统稳定性的基本需求，确保系统可正常运行操作和可访问	·现有技术（加密技术等） ·研发新技术（共识方式等）	·由于区块链系统是由加密技术、共识方式、提升吞吐量等新技术组成的，所以要评测的是：各个要素技术的应用、相关系统的运行数据、测试环境下的运行数据等构成的系统的成熟度
			·采用区块链技术的系统的成熟度和运行数据	
			·有无单一故障点	·有无变成单一故障点的节点 ·即便没有单一故障点，会不会因节点不畅通致使系统稳定性得不到保障
			·共识方式	·获取正确共识的条件（节点数等） ·不能发起共识（51% 攻击）、无法共识状态（在 PBFT 中是与超过 1/3 节点之间无法顺畅沟通）等失去共识功能的条件
	可容错	不管是主链硬件还是软件故障，系统均可按照设定方式进行运行与操作	·节点故障的容错能力 ·网络故障、分散式阻断服务攻击的容错能力	·正常运行的定义 ·正常运行所需的节点条件、网络条件 ·网络阻断服务等发生分叉后的主链确定方法
	可恢复	中断或者发生故障时，数据恢复、系统恢复到指定状态的程度	·节点故障的恢复能力（恢复方法、恢复间隔等）	·网络环境、数据量等前提条件

续表

类别	指标项目	概要		技术特征	备注
可用性	可高效	处理性能（吞吐量）	系统在运行时，满足系统响应间隔以及处理间隔所需的吞吐量的速度	·区块大小 ·交易大小 ·共识方式 ·区块产生间隔	·节点构成、网络环境、共识方式等前提条件 ·定义吞吐量。例如：交易中，理论上处理的对象 ·与其他评价项目之间的权衡关系
		网络性能		·网络环境 ·节点分散	·节点构成、网络环境等前提条件 ·定义处理间隔。例如：随机选择两个节点，测试在节点间传输数据的间隔，以及多次测试后的平均迭代值
		区块产生性能		·共识方式 ·网络环境 ·节点分散	·区块到产生为止所需的间隔，定义处理间隔。例如：从发起交易到产生区块 ·产生区块时，获取产生的间隔；未产生区块时，获取产生百分之几时的间隔等。采用的共识方式的特征以及权衡关系等 ·与其他评价项目之间的权衡关系
		查询性能		·节点分散 ·网络环境 ·区块结构	·查询特定区块以及交易时的性能；节点构成、网络环境等前提条件
	可兼容	与现有区块链系统之间的兼容	实现多个系统之间信息与数据的交换	·数据结构 ·API 接口	·兼容性的前提条件 ·兼容的方式方法
		与其他区块链系统之间的兼容		·数据结构 ·共识方式 ·API 接口	·兼容性的前提条件 ·兼容的方式方法

续表

类别	指标项目	概要	技术特征	备注
可用性	可扩展	性能扩展（吞吐量扩展）| 使性能可提升	• 区块大小 • 交易大小 • 共识方式 • 区块产生间隔	• 提升吞吐量的方法，及其产生的权衡 • 稳定性方面的权衡关系。例如：通过提升处理性能，导致数据容量增加，节点负担（尤其是拥有全数据的、全节点的负担）加大，拥有全节点的站点减少，系统稳定性下降。要明确难以满足运行条件的全节点数量的临界点 • 采用的共识方式所产生的权衡关系。例如：采用高速某共识方式，使得吞吐量提高。这一方式，需要设置认证节点，认证节点数上限为 30 台，其中的 1/3 无法联通的话，就无法保证系统功能，耐用性将会降低
		网络性能扩展		• 节点分散 • 网络环境 • P2P 协议	• 由于环境分散，无法过度依靠网络环境，所以要考虑网络性能提升导致的运行瓶颈，以及提升性能的要点
		容量扩展	通过提升处理性能、存储操作记录，扩大可存储数据的容量。针对这些数据进行增加和扩展	• 区块大小 • 交易大小 • 共识方式 • 区块产生间隔	• 扩展容量使得要保存的数据容量增加。系统应能够预测某段时间后的数据容量，并采取应对措施
		节点数扩展	为了分散式部署系统，可以支持多少节点数	• 数据容量 • 共识方式	• 各中节点（全节点、轻节点）的扩展上限。节点数增加后，有可能出现超过处理性能的交易量。为此，要设定与处理性能相符合的节点数 • 与其他评价项目之间的权衡关系

续表

类别	指标项目	概要	技术特征	备注
	可适应	不同的、进化的主链硬件、软件或者运行环境中，适应系统的有效性及其效率	·主链硬件适应性	·节点条件
			·应用适应性	·应用条件
	可替换	某些组成部分是否可替换，以便实现升级与兼容	·与现有系统之间的替换能力	·与现有系统之间有没有可替换性
			—	·如何与其他系统替换
可维护性	可重用	模块化。系统由不同组成部分构成，某个组成部分的变化不影响其他组成部分	·区块链平台	·区块链平台组成部分的模块化 例如：共识方式采用模块化程度较高的算法而封装化，容易换成其他算法
			·子系统	·子系统组成部分的模块化 例如：子系统某功能采用模块化设计，易于提升某项功能
			·智能合约 ·源代码	·智能合约/源代码规定（编程语言等）
		多个系统均可使用	·区块链平台	·共识方式的可重用性 例如：区块链平台中封装化的某种共识方式，也可用于其他区块链平台
			·子系统	·子系统的可重用性 例如：某子系统也可在其他系统中使用
				·智能合约/源代码规定（编程语言等）

续表

类别	指标项目	概要	技术特征	备注
可维护性	可解析	评价多处变更对系统的影响，诊断故障原因，可识别有必要修改的漏洞	· 故障检测	· 故障发生时，有无提示 · 有无锁定故障发生位置（节点故障、网络故障等）的功能 · 有无判定故障影响范围的功能
				· 有无对吞吐量、网络性能、可扩展性等性能进行监控的功能
	可修改	可高效修改系统	· 漏洞解决	· 漏洞修改方法等
			· 智能合约 · 源代码	· 由于区块链系统不可篡改，智能合约或者源代码发现漏洞时，应该如何应对
			· 硬分叉	· 由于区块链系统不可篡改，发现漏洞或者非法访问产生的非法数据时，如何使区块回滚
	可测试	制定系统测试标准，能否按照标准进行测试	· 区块链平台	· 因节点构成、网络构成的不同，测试结果会受到影响。哪种环境，能实现哪些功能和性能测试？环境变化时会有哪些影响
			· 节点故障、网络故障抵抗性 · 扩展性 · 共识方式	· 在分布式环境中，最重要的是对节点和网络故障的耐用性测试、对容量与节点的可扩展性测试、对共识方式的测试，这些测试都是如何开展的
				· 由于区块链不可篡改，所以需要充分地测试智能合约 / 源代码，这些测试如何进行

续表

类别	指标项目	概要	技术特征	备注
安全性	可加密	确保系统只允许访问规定的数据	· 访问管理	· 数据访问权限（读取、写入等）的管理方法、级别设置等
			· 数据加密	· 有无数据加密功能 · 加密对象、范围 · 由第三方验证加密数据
				· 有无加密交易功能 · 加密的对象、范围 · 第三方验证方法
	可授权	防止不具备权限的擅自访问或修改计算机程序数据的行为	· 成员管理	· 有无成员管理功能等
			· 访问管理	· 数据访问权限（读取、写入等）的管理方法、级别设置等
	可鉴别	能依照某个主体进行同步	· 分散节点间的同步方法	· 分散的节点间数据如何同步？如何决定哪个是正确数据
			· 共识方式	· 有无基于共识方式产生区块？分叉后主链的确定方法
	不可伪造	交易无法被伪造	· UTXO（未使用的交易输出）	· 避免"双花"问题（重复支付）
	不可否认	能让证明事件的发生，不要在事件发生后否决	· 共识方式	· 有无基于共识方式产生区块？分叉后主链的确定方法
			· 硬分叉规则	· 区块回滚的规则、方法、影响范围

未来，属于终身学习者

我这辈子遇到的聪明人（来自各行各业的聪明人）没有不每天阅读的——没有，一个都没有。巴菲特读书之多，我读书之多，可能会让你感到吃惊。孩子们都笑话我。他们觉得我是一本长了两条腿的书。

——查理·芒格

互联网改变了信息连接的方式；指数型技术在迅速颠覆着现有的商业世界；人工智能已经开始抢占人类的工作岗位……

未来，到底需要什么样的人才？

改变命运唯一的策略是你要变成终身学习者。未来世界将不再需要单一的技能型人才，而是需要具备完善的知识结构、极强逻辑思考力和高感知力的复合型人才。优秀的人往往通过阅读建立足够强大的抽象思维能力，获得异于众人的思考和整合能力。未来，将属于终身学习者！而阅读必定和终身学习形影不离。

很多人读书，追求的是干货，寻求的是立刻行之有效的解决方案。其实这是一种留在舒适区的阅读方法。在这个充满不确定性的年代，答案不会简单地出现在书里，因为生活根本就没有标准确切的答案，你也不能期望过去的经验能解决未来的问题。

湛庐阅读App：与最聪明的人共同进化

有人常常把成本支出的焦点放在书价上，把读完一本书当作阅读的终结。其实不然。

> 时间是读者付出的最大阅读成本
> 怎么读是读者面临的最大阅读障碍
> "读书破万卷"不仅仅在"万"，更重要的是在"破"！

现在，我们构建了全新的"湛庐阅读"App。它将成为你"破万卷"的新居所。在这里：

- 不用考虑读什么，你可以便捷找到纸书、有声书和各种声音产品；
- 你可以学会怎么读，你将发现集泛读、通读、精读于一体的阅读解决方案；
- 你会与作者、译者、专家、推荐人和阅读教练相遇，他们是优质思想的发源地；
- 你会与优秀的读者和终身学习者为伍，他们对阅读和学习有着持久的热情和源源不绝的内驱力。

从单一到复合，从知道到精通，从理解到创造，湛庐希望建立一个"与最聪明的人共同进化"的社区，成为人类先进思想交汇的聚集地，与你共同迎接未来。

与此同时，我们希望能够重新定义你的学习场景，让你随时随地收获有内容、有价值的思想，通过阅读实现终身学习。这是我们的使命和价值。

湛庐阅读App玩转指南

湛庐阅读App 结构图:

12+图书订阅服务
纸质书
有声书
电子书

读什么

优秀的读者和终身学习者 **与谁共读**

湛庐阅读App

怎么读
泛读：一书一课
通读：通识课
精读：精读班

跟谁读 作者、译者、专家、推荐人和阅读教练

三步玩转湛庐阅读App:

读一读▾

湛庐纸书一站买，
全年好书打包订

书城

听一听▾

泛读、通读、精读，
选取适合你的阅读方式

精读班 一书一课
通识课

扫一扫▾

买书、听书、讲书、
拆书服务，一键获取

扫一扫

App获取方式：
安卓用户前往各大应用市场、苹果用户前往App Store
直接下载"湛庐阅读"App，与最聪明的人共同进化！

使用App 扫一扫功能，
遇见书里书外更大的世界！

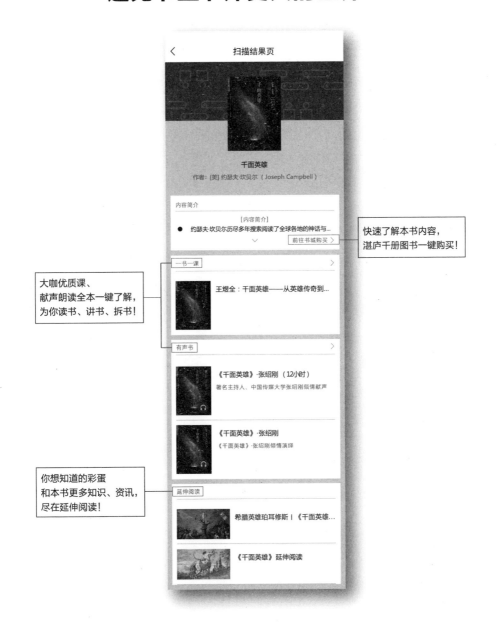

快速了解本书内容，
湛庐千册图书一键购买！

大咖优质课、
献声朗读全本一键了解，
为你读书、讲书、拆书！

你想知道的彩蛋
和本书更多知识、资讯，
尽在延伸阅读！

延伸阅读

《区块链蓝图》

◎ 全球顶尖大数据影响力人物马克·冯·里吉门纳姆与世界级区块链专家菲利帕·瑞安强强联合之作。

◎ 一本书讲透区块链的七大应用价值。读懂区块链底层逻辑，赋能未来的必读之作。

《区块链的真正商机》

◎ 区块链价值落地引路人，全球趋势专家、Gartner副总裁大卫·弗隆、克里斯托夫·乌聚罗联袂力作。

◎ 不是一步到位的区块链落地捷径，而是价值进阶的寻宝图。

《数据的本质》

◎ 阿里巴巴集团前副总裁、红杉资本中国基金专家合伙人、现象级畅销书《决战大数据》作者车品觉重磅新作。

◎ 未来没有一家公司不是数据公司。智能商业时代，人人必读！

◎ 国家战略性新兴产业专家委员会秘书长杜平、正大制药集团董事长谢炳、香港科技大学计算机系主任杨强、清华大学经济管理学院副院长陈煜波集体盛赞。

《生命3.0》

◎ 麻省理工学院物理系终身教授、未来生命研究所创始人迈克斯·泰格马克重磅新作。

◎ 与人工智能相伴，人类将迎来一个什么样的未来？

◎ 引爆硅谷，令全球科技界大咖称赞叫绝的烧脑神作。

◎ 兼具思想性和易读性，人人都可读懂的未来指南。

图书在版编目（CIP）数据

5G+区块链 / 王喜文著. -- 杭州：浙江教育出版社，
2020.12
ISBN 978-7-5722-0945-1

Ⅰ．①5… Ⅱ．①王… Ⅲ．①区块链技术 Ⅳ.
①TP311.135.9

中国版本图书馆CIP数据核字(2020)第204238号

上架指导：科技趋势 / 5G 与区块链

5G + 区块链
5G + QUKUAILIAN

王喜文　著

责任编辑：高露露
美术编辑：韩　波
封面设计：ablackcover.com
责任校对：李　剑
责任印务：沈久凌
出版发行：浙江教育出版社（杭州市天目山路 40 号　电话：0571－85170300-80928 ）
印　　刷：天津中印联印务有限公司
开　　本：710mm ×965mm　1/16
印　　张：15.75　　　　　　　　　　　**字　　数：**191 千字
版　　次：2020 年 12 月第 1 版　　　　**印　　次：**2020 年 12 月第 1 次印刷
书　　号：ISBN 978-7-5722-0945-1　　**定　　价：**69.90 元